U0313358

"十二五"江苏省高等学校重点教材（编号：2015-1-011）

高等院校计算机实验与实践系列示范教材

数据库原理及应用
实验与实践教程
（第2版）

朱辉生　丁勇　李生　于航　主编

清华大学出版社
北京

内 容 简 介

本书是作者在多年从事数据库课程教学和科研的基础上,为了满足"数据库原理及应用"课程教学的需要而编写的实验与实践教程。

全书分为实验和实践两个部分。实验部分包括:完全卸载 SQL Server 2000;数据库的创建与管理;表的创建与管理;数据查询;数据更新与视图操作;数据库的安全性与完整性;ESQL、SP 与 ODBC 编程;数据库的恢复与并发控制;基于 VC 的数据库系统开发。实践部分为"数据库原理及应用"课程设计。

本书内容结合案例,结构合理,循序渐进,深入浅出,既可作为高等学校本科计算机及相关专业"数据库原理及应用"课程的实验与实践教材,也可供相关工程技术人员参考。

图书在版编目(CIP)数据

数据库原理及应用实验与实践教程/朱辉生等主编. —2 版. —北京:清华大学出版社,2016(2021.1重印)
高等院校计算机实验与实践系列示范教材
ISBN 978-7-302-42004-0

Ⅰ. ①数… Ⅱ. ①朱… Ⅲ. ①关系数据库系统-高等学校-教学参考资料 Ⅳ. ①TP311.138

中国版本图书馆 CIP 数据核字(2015)第 263545 号

责任编辑:闫红梅 李 晔
封面设计:常雪影
责任校对:梁 毅
责任印制:丛怀宇

出版发行:清华大学出版社
   网 址:http://www.tup.com.cn, http://www.wqbook.com
   地 址:北京清华大学学研大厦 A 座   邮 编:100084
   社 总 机:010-62770175   邮 购:010-83470235
   投稿与读者服务:010-62776969, c-service@tup.tsinghua.edu.cn
   质量反馈:010-62772015, zhiliang@tup.tsinghua.edu.cn
   课件下载:http://www.tup.com.cn,010-83470236
印 装 者:北京九州迅驰传媒文化有限公司
经 销:全国新华书店
开 本:185mm×260mm 印 张:14.25   字 数:353 千字
版 次:2011 年 5 月第 1 版 2016 年 2 月第 2 版 印 次:2021 年 1 月第 4 次印刷
印 数:2531～3030
定 价:39.00 元

产品编号:066663-02

前言

数据库技术是计算机科学与技术中发展最快的方向之一，也是应用最广的技术之一，已成为信息系统的重要基础。"数据库原理及应用"是高等学校本科计算机及相关专业的专业基础课程，其教学目标是使学生在正确理解数据库原理的基础上，熟练掌握基于常用数据库管理系统（如 SQL Server 2000）和主流开发工具（如 VC++ 6.0）开发数据库应用系统的方法。

目前国内外介绍数据库原理的教材较多，而与之相适应的实验教程却非常缺乏，本书正是作者在多年从事数据库课程教学和科研的基础上，为了满足"数据库原理及应用"课程教学的需要而编写的实验与实践教程。

本书实验部分包括实验准备和八个课内实验。实验准备介绍了完全卸载 SQL Server 2000；实验一介绍数据库的创建与管理；实验二介绍表的创建与管理；实验三是数据查询，详细介绍 SELECT 语句的单表、多表、嵌套和集合查询操作；实验四是数据更新与视图操作，重点介绍 INSERT、DELETE、UPDATE 等数据更新语句以及视图的基本操作；实验五介绍数据库的安全性与完整性，主要包括 SQL Server 2000 中的安全认证模式、安全性与完整性技术；实验六为 ESQL、SP 与 ODBC 编程，重点介绍 ESQL、ODBC 编程以及存储过程的基本操作；实验七为数据库的恢复与并发控制，详细介绍 SQL Server 2000 中的故障恢复与并发控制技术；实验八为基于 VC 的数据库系统开发，介绍如何分别基于 MFC ODBC 和 ADO 技术开发数据库系统的方法。每个实验涉及基本原理、实验目的、实验环境和实验内容，其中实验要求相对独立，但实验内容又前后关联，八个实验的安排完全符合"数据库系统概论"教材中理论内容的需要。本书的实践部分基于三个实例给出了"数据库原理及应用"的课程设计要求。

本书由朱辉生、丁勇、李生、于航主编，汪卫审校。朱辉生编写了实验部分的实验五至实验八，丁勇编写了实践部分的课题一和课题二，李生编写了实验部分的实验准备和实践部分的课题三，于航编写了实验部分的实验一至实验四，汪卫教授对全书进行了统稿和审阅。

由于编者水平有限，书中难免存在不足之处，敬请广大读者批评指正。编者的联系方式为 E-mail:zhs@fudan.edu.cn。

编　　者

2015 年 8 月

高等院校计算机实验与实践系列示范教材

CONTENTS

高等院校计算机实验与实践系列示范教材

完全卸载SQL Server 2000

没有安装过 SQL Server 2000 的用户可以跳过本部分。SQL Server 2000 用户在 SQL Server 2000 损坏后需要重新安装，重装前需要按照如下步骤完全卸载 SQL Server 2000。

（1）右击 Windows 8 左下角的"开始"图标，选择"程序和功能（F）"，打开如图 0-1 所示的"程序和功能"窗口，右击 Microsoft SQL Server 2000 选项，选择"卸载或更改"命令，卸载 SQL Server 2000。

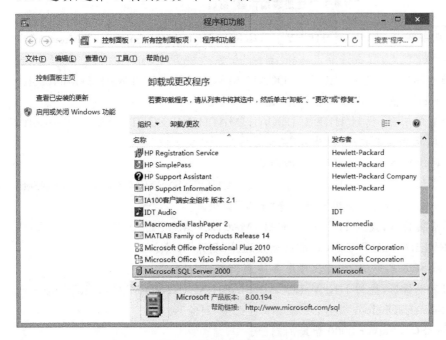

图 0-1 "程序和功能"窗口

(2) 右击 Windows 8 左下角的"开始"图标,选择"运行"命令,打开如图 0-2 所示的"运行"对话框。

图 0-2 "运行"对话框

(3) 输入 regedit,出现如图 0-3 所示的"注册表编辑器"窗口。

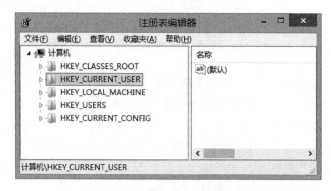

图 0-3 "注册表编辑器"窗口

(4) 展开注册表编辑器,找到 HKEY_CURRENT_USER\Software\Microsoft\Microsoft SQL Server 节点,右击该节点选择"删除"命令。

(5) 展开注册表编辑器,找到 HKEY_LOCAL_MACHINE\SOFTWARE\Microsoft\Microsoft SQL Server 节点,右击该节点选择"删除"命令。

(6) 展开注册表编辑器,找到 HKEY_LOCAL_MACHINE\SOFTWARE\Microsoft\MSSQLServer 节点,右击该节点选择"删除"命令。

至此,完成了对 SQL Server 2000 服务的删除。

(7) 展开注册表编辑器,找到 HKEY_LOCAL_MACHINE\SYSTEM\CurrentControlSet\Services\MSSQLServer 节点,右击该节点选择"删除"命令。

(8) 展开注册表编辑器,找到 HKEY_LOCAL_MACHINE\SYSTEM\CurrentControlSet\Services\SQLSERVERAGENT 节点,右击该节点选择"删除"命令。

至此,完成了对 SQL Server 2000 代理服务的删除。

(9) 展开注册表编辑器,找到 HKEY_LOCAL_MACHINE\SYSTEM\CurrentControlSet\Services\MSSQLServerADhelper 节点,右击该节点选择"删除"命令。

至此,完成了对 SQL Server 2000 帮助的删除。

（10）展开注册表编辑器，找到 HKEY_LOCAL_MACHINE\SYSTEM\CurrentControlSet\ Control\Session Manager 节点，在其右侧选择 PendingFileRenameOperations 键值，右击该键值选择"删除"命令。

至此，完成了对 SQL Server 2000 安装暂挂项目的删除。

（11）退出注册表编辑器，在 Windows 8 中删除 SQL Server 2000 的安装文件夹。

至此 SQL Server 2000 已完全卸载。

注意：若忽略了第（10）步，则重装 SQL Server 2000 时将会出现错误提示：以前的某个程序安装已在安装计算机上创建挂起的文件操作。

数据库的创建与管理

【基本原理】

数据库是长期存储的、有组织的、可共享的、大量的数据集合,而数据库管理系统是位于用户与操作系统之间的一层系统软件,用于定义、存储、操纵和维护数据库中的数据。

数据模型是对现实世界的模拟,包括数据结构、数据操纵和数据约束三个组成要素。常用的数据模型有层次模型、网状模型、关系模型、面向对象模型和对象关系模型。关系模型因为建立在严格的数学理论基础上,概念单一,存取路径对用户透明,所以已成为目前最重要的一种数据模型。关系数据库就是以关系模型作为数据组织形式的数据库。

SQL Server 2000 是由 Microsoft 公司开发的一个多用户数据库管理系统,提供了强大的管理工具(如企业管理器、查询分析器等)和开放式的系统体系结构,已成为当前主流的关系型数据库管理系统。其中,企业管理器提供了一种全面管理 SQL Server 的交互界面,利用企业管理器可以新建 SQL Server 组和 SQL Server 注册、配置所有的 SQL Server 选项、创建并管理数据库、调用查询分析器和各种向导等;查询分析器提供了一种交互执行 SQL 语句的图形工具,利用查询分析器可以输入并执行 SQL 语句、显示执行计划、服务器跟踪、客户统计、使用对象浏览器查看对象等。

SQL Server 2000 数据库的体系结构如图 1-1 所示。

其中,master、tempdb、msdb、model 数据库为安装 SQL Server 2000 后自动生成的四个系统数据库,用户数据库是由用户面向具体应用而创建的数据库。基本表、视图、索引、触发器等是组成数据库的基本对象。

创建 SQL Server 2000 数据库的实质就是生成用于存储数据库对象(包括系统对象和用户对象)的数据文件和事务日志文件。

每个数据库必须包含一个主数据文件,其扩展名为.MDF,用于存储系统对象和用户对象。系统对象包括数据库用户账号、索引地址等系统工作所需的信息,用户对象包括表、存储过程、视图等由用户创建的信息。系统对象必须保存在主数据文件中,而用户对象可以保存在主数据文件或次数据文件中。

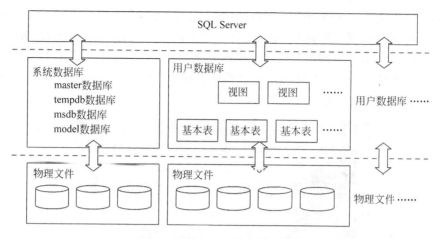

图 1-1 SQL Server 2000 体系结构

若主数据文件能够存储数据库的所有数据,则该数据库就无须次数据文件,否则可以创建多个次数据文件,用来存储用户对象,其扩展名为.NDF。

事务日志文件主要用来实现对数据库的恢复,其扩展名为.LDF。每个数据库必须至少包含一个事务日志文件,一个事务日志文件只能为一个数据库所拥有。

拥有一定权限的用户可以利用企业管理器或使用 T-SQL 语句两种方式来创建数据库,前者简单直观,后者灵活多用。

一、实验目的

1. 巩固数据库的基础知识。
2. 掌握 SQL Server 2000 的安装与配置方法。
3. 掌握创建数据库的两种方法。
4. 掌握查看和修改数据库的两种方法。
5. 掌握删除数据库的两种方法。

二、实验环境

Windows 8 + SQL Server 2000。

三、实验内容

1. SQL Server 2000 的安装与配置

如图 1-2 所示,打开 SQL Server 2000 安装包的 PERSONAL\X86\SETUP 文件夹。

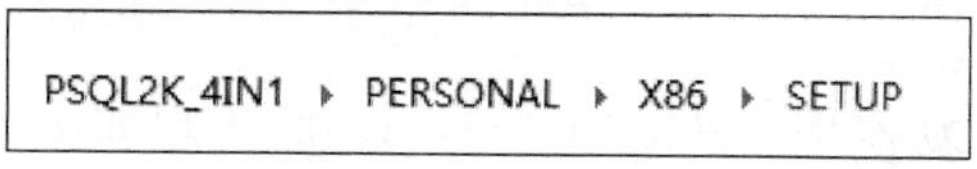

PSQL2K_4IN1 ▸ PERSONAL ▸ X86 ▸ SETUP

图 1-2 SQL Server 2000 个人版安装文件夹

右击该文件夹下的文件 SETUPSQL. EXE,选择"属性"命令,出现 SETUPSQL. EXE
属性窗口,选择窗口的"兼容性"标签,选中"以兼容模式运行这个程序/Windows XP
(Service Pack 2)"和"以管理员身份运行此程序"选项后,单击"确定"按钮。

右击文件 SETUPSQL. EXE,选择"以管理员身份运行",随后选择"运行程序而不获取
帮助"选项,出现如图 1-3 所示的安装欢迎界面。

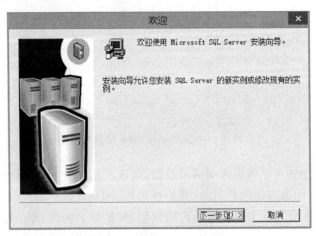

图 1-3　安装欢迎界面

单击"下一步"按钮,出现如图 1-4 所示"计算机名"对话框。

图 1-4　"计算机名"对话框

选择"本地计算机"单选按钮,单击"下一步"按钮,出现如图 1-5 所示"安装选择"对
话框。

选择"创建新的 SQL Serve 实例…"单选按钮,单击"下一步"按钮,出现如图 1-6 所示
"用户信息"对话框。

输入用户姓名(本例为 ZHS),单击"下一步"按钮,出现如图 1-7 所示的"安装定义"对
话框。

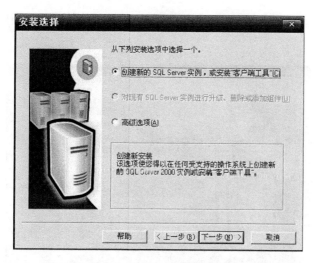

图1-5 "安装选择"对话框

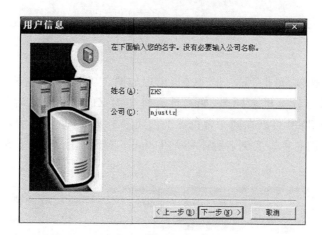

图1-6 "用户信息"对话框

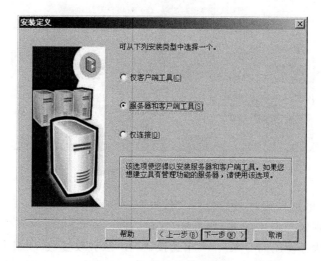

图1-7 "安装定义"对话框

选择"服务器和客户端工具"单选按钮,单击"下一步"按钮,出现如图 1-8 所示的"实例名"对话框。

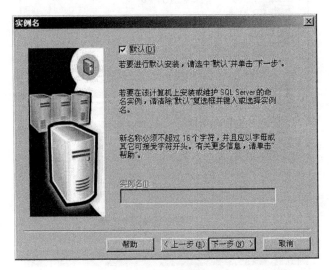

图 1-8　"实例名"对话框

选中"默认"复选框,单击"下一步"按钮,出现如图 1-9 所示的"安装类型"对话框(实例名选择"默认"表示与计算机名同名,如本计算机名为 ZHS,则安装后创建的实例名也为 ZHS。SQL Server 2000 可以在同一台机器上创建多个实例,即可以重复安装多次,此时就需要选择不同的实例名称。实例名称不能是 Default、MS SQL Server 或 SQL Server 2000 的保留字)。

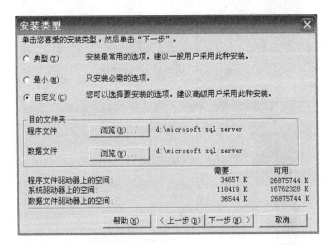

图 1-9　"安装类型"对话框

选择"自定义"单选按钮,设定"目的文件夹"(本例为 d:\microsoft sql server)。单击"下一步"按钮,出现如图 1-10 所示"服务账户"对话框。

选择"对每个服务使用同一账户…"单选按钮,在"服务设置"选项组中选择"使用本地系统账户"单选按钮,单击"下一步"按钮,出现如图 1-11 所示的"身份验证模式"对话框。

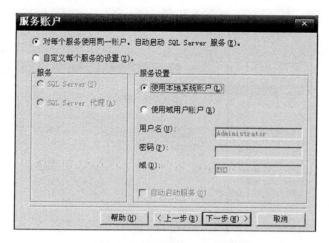

图 1-10 "服务账户"对话框

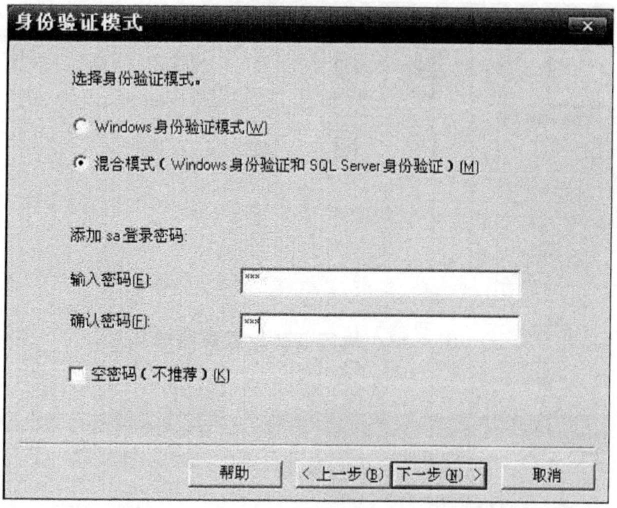

图 1-11 "身份验证模式"对话框

选择"混合模式…"单选按钮,设置系统管理员 sa 的密码,单击"下一步"按钮,出现如图 1-12 所示"选择组件"对话框。

选中"组件"列表框中的"开发工具"复选框和"子组件"列表框中的"头和库"复选框,单击"下一步"按钮直至完成安装。"头和库"是本教材实验六的 ESQL 编程中涉及的子组件。

2．创建数据库

在 SQL Server 2000 中,创建数据库有两种方法:

（1）使用企业管理器创建数据库。

① 如图 1-13 所示,打开企业管理器,展开实例(本例为 ZHS)后,在树状目录中右击"数据库"节点,单击"新建数据库"命令。

② 出现如图 1-14 所示窗口,在"名称"文本框中输入 SP。

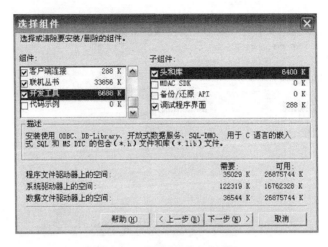

图 1-12　"选择组件"对话框

图 1-13　执行新建数据库操作

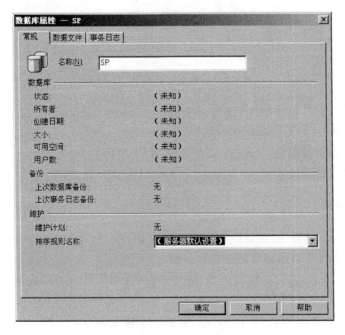

图 1-14　"数据库属性-常规"对话框

③ 单击"数据文件"标签,出现如图 1-15 所示对话框。在"文件属性"选项组中选择"文件自动增长"复选框。SQL Server 2000 提供了两种方式来实现数据文件容量的自动增加:一种是"按兆字节"方式,一次递增指定的 MB;另一种是"按百分比"方式,一次递增原数据文件容量的指定百分比。

图 1-15 **"数据库属性-数据文件"对话框**

单击"位置"选项下的"…"按钮,出现如图 1-16 所示对话框,选择存放数据文件的位置(本例为 E:\zhs\data,该文件夹须预先创建)后,单击"确定"按钮。

图 1-16 **"查找数据库文件"对话框**

④ 单击"事务日志"标签,出现如图 1-16 所示对话框,可以指定事务日志文件的存放位置(本例为 E:\zhs\log,该文件夹也要预先创建),其他各项的设置方法同数据文件。将数据文件与事务日志文件存储在不同文件夹下,有利于数据库的恢复。

图 1-17　"数据库属性-事件日志"对话框

⑤ 单击"确定"按钮,SP 数据库创建成功,在树状目录中可见新建的 SP 数据库节点。

(2) 使用 T-SQL 语句创建数据库。

在查询分析器中输入 T-SQL 语句,单击"执行查询"按钮或按 Ctrl＋F5 键即可观察该语句的执行结果。使用 T-SQL 语句创建数据库的语法为:

```
CREATE DATABASE 数据库名
ON [PRIMARY]
    ([NAME = 逻辑名,] FILENAME = 物理名,
    [SIZE = 常量][,MAXSIZE = 常量][,FILEGROWTH = 常量])
    [,其他数据文件描述]
    [,FILEGROUP 文件组名[该文件组中数据文件描述]]
    [,其他文件组描述]
LOG ON
    (事务日志文件描述)
```

【说明】

- T-SQL 语句中不区分英文大小写,标点符号均为英文半角。

- []:表示可选项。

- 数据库名:表示新建数据库的名称,同一实例中数据库名称必须唯一。

- ON:表示后面将定义数据文件。

- PRIMARY:定义主数据文件,默认时数据文件序列中的第一个文件为主数据文件。

- LOG ON:表示后面将定义事务日志文件。

- NAME：定义文件的逻辑名。
- FILENAME：定义文件的物理名，包括文件路径。物理名须加引号。
- FILEGROUP：定义文件组。文件组是为了方便磁盘空间的管理，而将多个文件集中存放的逻辑组织。PRIMARY 文件组是系统默认的，其中至少包括主数据文件。
- SIZE：定义文件的初始长度。
- MAXSIZE：定义文件的最大长度。
- FILEGROWTH：定义文件的增长速度。
- 文件描述：包括逻辑名、物理名、初始大小、最大长度、增长速度。
- 文件组描述：包括文件组名以及该文件组中数据文件的逻辑名、物理名、初始大小、最大长度、增长速度。

【例】 使用 T-SQL 语句创建 SP1 数据库，参数如表 1-1 所示。

表 1-1 SP1 数据库参数

参 数		参 数 值
数据库名称		SP1
主数据文件	逻辑名	SP1_Dat
	物理名	'E:\zhs\data\SP1_Data.mdf'
	初始大小	10MB
	最大长度	50MB
	增长速度	10%
事务日志文件	逻辑名	SP1_Log
	物理名	'E:\zhs\log\SP1_Log.ldf'
	初始大小	5MB
	最大长度	25MB
	增长速度	5MB

执行代码及结果如图 1-18 所示。

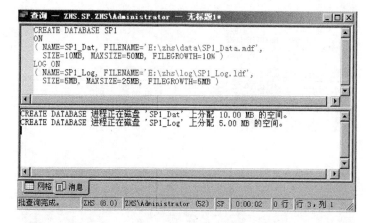

图 1-18 使用 T-SQL 语句创建 SP1 数据库

【例】 使用 T-SQL 语句创建 SP2 数据库,参数如表 1-2 所示。

表 1-2 SP2 数据库参数

参 数			参 数 值
数据库名称			SP2
主数据文件		逻辑名	SP2_Dat1
		物理名	'E:\zhs\data\SP2_Dat1.mdf'
次数据文件		逻辑名	SP2_Dat2
		物理名	'E:\zhs\data\SP2_Dat2.ndf'
文件组 FG	文件 1	逻辑名	SP2_Dat3
		物理名	'E:\zhs\data\SP2_Dat3.ndf'
	文件 2	逻辑名	SP2_Dat4
		物理名	'E:\zhs\data\SP2_Dat4.ndf'
事务日志文件 1		逻辑名	SP2_Log1
		物理名	'E:\zhs\log\SP2_Log1.ldf'
事务日志文件 2		逻辑名	SP2_Log2
		物理名	'E:\zhs\log\SP2_Log2.ldf'
所有文件		初始大小	5MB
		最大长度	50MB
		增长速度	5MB

执行代码及结果如图 1-19 所示。

图 1-19 使用 T-SQL 语句创建 SP2 数据库

3．查看和修改数据库

在 SQL Server 2000 中,查看和修改数据库有两种方法。

(1) 利用企业管理器查看和修改数据库。

① 打开企业管理器,右击 SP1 数据库后单击"属性"命令,出现如图 1-20 所示对话框,其中列出了 SP1 数据库的基本信息。

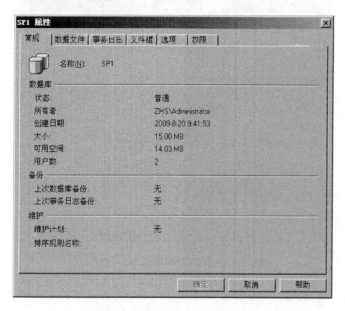

图 1-20 "SP1 属性-常规"对话框

② 单击"数据文件"标签,出现如图 1-21 所示对话框,可以查看和修改数据文件的分配空间和文件属性。

图 1-21 "SP1 属性-数据文件"对话框

③ 单击"事务日志"标签,出现如图 1-22 所示对话框,可以查看和修改事务日志文件的
分配空间和文件属性。

图 1-22 "SP1 属性-事务日志"对话框

④ 单击"文件组"标签,出现如图 1-23 所示对话框,可以新建文件组。本例新建文件组
FG1,但输入 FG1 后对话框中"确定"按钮为灰色,只有当其他标签对话框中至少有一选项
改变时,单击所在对话框中的"确定"按钮,所有设置才生效。

图 1-23 "SP1 属性-文件组"对话框

⑤ 单击"选项"标签,出现如图 1-24 所示对话框。各选项说明如下:

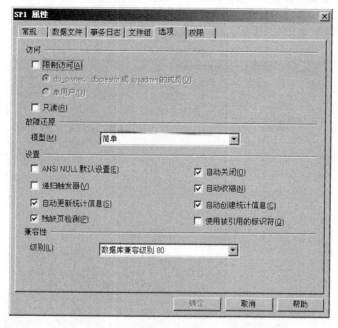

图 1-24　"SP1 属性-选项"对话框

- 限制访问——指定哪些用户能够访问该数据库。
- 故障还原——指定数据库的**恢复模型**。
- ANSI NULL 默认设置——指定表列的默认值为 NULL。
- 递归触发器——指定启用递归触发器。
- 自动更新统计信息——指定在查询优化期间自动更新过时的统计信息。
- 残缺页检测——指定可以检测不完整页。
- 自动关闭——指定数据库资源被释放以及所有用户退出之后关闭数据库。
- 自动收缩——指定数据库文件可以周期性地自动收缩。
- 自动创建统计信息——指定在查询优化期间自动生成统计信息。
- 使用被引用的标识符——指定强制执行关于引号的 ANSI 规则。
- 级别: 指定数据库兼容性级别。

⑥ 单击"权限"标签,出现如图 1-25 所示对话框,各项含义参见实验五。

(2) 使用 T-SQL 语句查看和修改数据库。

① 查看数据库。

语法为:

sp_helpdb 数据库名

【例】　查看 SP 数据库的信息。执行代码及结果如图 1-26 所示。

② 修改数据库。

语法为:

ALTER DATABASE 数据库名

ADD FILE 数据文件描述 [TO FILEGROUP 文件组名]

|ADD LOG FILE 事务日志文件描述|ADD FILEGROUP 文件组描述

|REMOVE FILEGROUP 文件组名|REMOVE 数据文件名或事务日志文件名

|MODIFY FILE 数据文件或事务日志文件描述|MODIFY FILEGROUP 文件组描述

图 1-25 "SP1 属性-权限"对话框

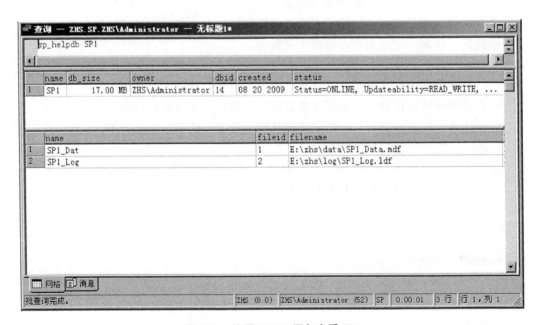

图 1-26 使用 T-SQL 语句查看 SP1

【说明】

- ADD FILE［TO FILEGROUP］：表示向指定文件组中新增数据文件。
- ADD LOG FILE：新增事务日志文件。
- REMOVE FILE：删除数据文件或事务日志文件。
- ADD FILEGROUP：新增文件组。
- REMOVE FILEGROUP：删除文件组。
- MODIFY FILE：修改数据文件或事务日志文件。
- MODIFY FILEGROUP：修改文件组的属性为 READONLY（只读）或 READWRITE(可读可写)或 DEFAULT(默认)。PRIMARY 文件组的属性不能为 READONLY。

【例】 修改 SP1 数据库，参数如表 1-3 所示。

表 1-3　修改后的 SP1 数据库参数

参　　数		参　数　值
文件组名		FG1(已有)
		FG2(新增)
主数据文件 SP1_Dat 的最大长度		200MB
FG1 中新增文件 1	逻辑名	SP1_Dat1
	物理名	'E:\zhs\data\SP1_Dat1.ndf'
	初始大小	5MB
	最大长度	UNLIMITED
	增长速度	10%
FG2 中新增文件 2	逻辑名	SP1_Dat2
	物理名	'E:\zhs\data\SP1_Dat2.ndf'
	初始大小	5MB
	最大长度	50MB
	增长速度	20%
FG2 中新增文件 3	逻辑名	SP1_Dat3
	物理名	'E:\zhs\data\SP1_Dat3.ndf'
	初始大小	5MB
	最大长度	50MB
	增长速度	5MB
新增事务日志文件 2	逻辑名	SP1_Log2
	物理名	'E:\zhs\log\SP1_Log2.ldf'
	初始大小	2MB
	最大长度	UNLIMITED
	增长速度	2MB

第一步：修改主数据文件。执行代码及结果如图 1-27 所示。

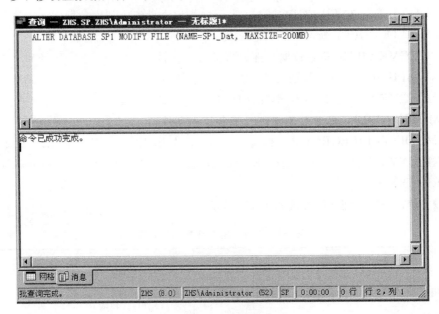

图 1-27　修改主数据文件

第二步：新增文件至文件组 FG1 中。执行代码及结果如图 1-28 所示。

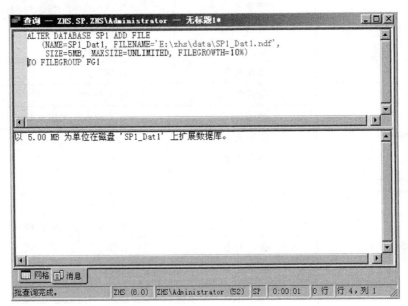

图 1-28　新增文件至文件组 FG1 中

第三步：新增文件组 FG2。执行代码及结果如图 1-29 所示。

第四步：新增文件至文件组 FG2 中。执行代码及结果如图 1-30 所示。

第五步：新增事务日志文件。执行代码及结果如图 1-31 所示。此时,可以通过企业管理器查看 SP1 数据库的属性来验证本题操作后的效果。

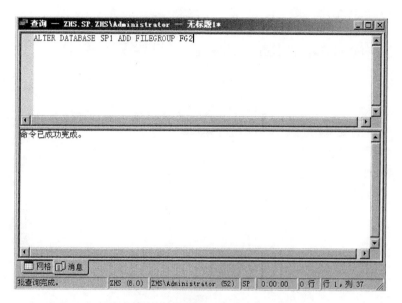

图 1-29　新增文件组 FG2

图 1-30　新增文件至文件组 FG2 中

【例】 修改 SP1 数据库：删除文件 SP1_Dat1。执行代码及结果如图 1-32 所示。

4．删除数据库

在 SQL Server 2000 中，删除数据库有两种方法。

（1）利用企业管理器删除数据库。

打开企业管理器，右击 SP1 数据库后单击"删除"命令，出现如图 1-33 所示窗口，选中"为数据库删除备份并还原记录"复选框，单击"是"按钮即可删除 SP1 数据库。

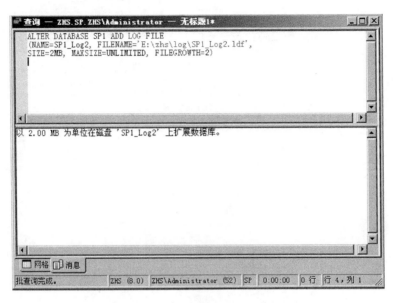

图 1-31　新增事务日志文件

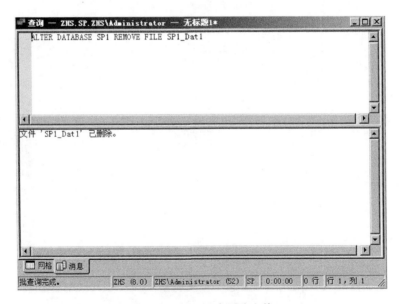

图 1-32　从 SP1 中删除文件

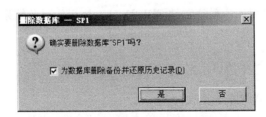

图 1-33　删除数据库对话框

（2）使用 T-SQL 语句删除数据库。

语法为：

DROP DATABASE 数据库名

【例】 删除 SP2 数据库。执行代码及结果如图 1-34 所示。

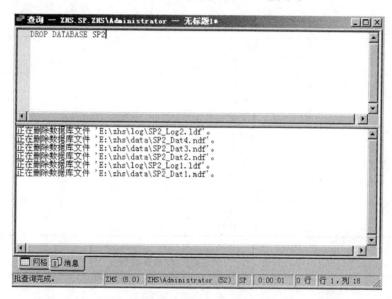

图 1-34 使用 T-SQL 语句删除数据库

四、实验练习

完成下列各题，并基于练习内容撰写实验报告（模板如表 1-4 所示，其他实验同）。

表 1-4 实验报告模板

《数据库原理及应用》实验报告				
实验题目	实验一 数据库的创建与管理		日期	
班级		姓名	成绩	
实验环境：				
实验内容： 1. 2. …				
出现问题及解决方法： 1. 2. …				

1．利用企业管理器创建 XSCJ 数据库，参数如表 1-5 所示。

2．利用企业管理器查看 XSCJ 数据库的属性。

3. 使用 T-SQL 语句创建 XSCJ-SQL 数据库,参数如表 1-6 所示。

4. 使用 T-SQL 语句修改 XSCJ-SQL 数据库,新增文件组 FP,其参数如表 1-7 所示。

5. 使用 T-SQL 语句删除 XSCJ-SQL 数据库。

表 1-5　XSCJ 数据库参数

参　　数		参　数　值
数据库名称		XSCJ
主数据文件	逻辑名	XSCJ_Dat1
	物理名	'E:\zhs\data\XSCJ_Dat1.mdf'
次数据文件	逻辑名	XSCJ_Dat2
	物理名	'E:\zhs\data\XSCJ_Dat2.ndf'
事务日志文件 1	逻辑名	XSCJ_Log1
	物理名	'E:\zhs\log\XSCJ_Log1.ldf'
事务日志文件 2	逻辑名	XSCJ_Log2
	物理名	'E:\zhs\log\XSCJ_Log2.ldf'
所有文件	初始大小	5MB
	最大长度	50MB
	增长速度	5MB

表 1-6　XSCJ-SQL 数据库参数

参　　数		参　数　值
数据库名称		XSCJ_SQL
主数据文件	逻辑名	XSCJ_SQL_Dat1
	物理名	'E:\zhs\data\XSCJ_SQL_Dat1.mdf'
次数据文件	逻辑名	XSCJ_SQL_Dat2
	物理名	'E:\zhs\data\XSCJ_SQL_Dat2.ndf'
事务日志文件 1	逻辑名	XSCJ_SQL_Log1
	物理名	'E:\zhs\log\XSCJ_SQL_Log1.ldf'
事务日志文件 2	逻辑名	XSCJ_SQL_Log2
	物理名	'E:\zhs\log\XSCJ_SQL_Log2.ldf'
所有文件	初始大小	5MB
	最大长度	50MB
	增长速度	5MB

表 1-7　FP 文件组参数

参　　数			参　数　值
文件组 FG	文件 1	逻辑名	XSCJ_SQL_Dat3
		物理名	'E:\zhs\data\XSCJ_SQL_Dat3.ndf'
	文件 2	逻辑名	XSCJ_SQL_Dat4
		物理名	'E:\zhs\data\XSCJ_SQL_Dat4.ndf'
所有文件		初始大小	5MB
		最大长度	50MB
		增长速度	5MB

表的创建与管理

【基本原理】

关系数据库中的关系就是一张二维表,一个关系数据库可以有多张表,表与表之间可以通过外键相互引用。表中的列也称为字段或属性,字段的取值范围叫做值域;表中的行也称为记录或元组,一条记录描述了一个实体。表中唯一标识一个元组的属性或属性集称为该表的超键,不含多余属性的超键称为候选键。一张表可以有多个候选键,正在被用来标识元组的候选键称为主键。设 F 是表 R 的非候选键的一个属性或属性集,若 F 与另一张表 S 的主键相对应,则称 F 是表 R 的外键,此时表 R 称为参照表,表 S 称为被参照表。外键的取值要么为空,要么为被参照表中某个元组的主码值。表可以分为基本表(实际存在的表)、查询表(查询结果对应的表)和视图表(由基本表或其他视图表导出的虚表)。

创建表时首先要确定该表的各个字段,然后插入表的各条记录。确定字段要考虑如下几方面的问题:

(1) 数据类型。SQL Server 2000 支持系统提供的标准数据类型和用户自定义的数据类型,其中常用的标准数据类型有:

① 精确数字型——int 为 4 个字节的整型;bigint 为 8 个字节的长整型;smallint 为 2 个字节的短整型;tinyint 为 1 个字节的无符号整型;bit 为取 1、0 或 NULL 值的整型;decimal(p[,s])和 numeric(p[,s])为带固定精度 p 和小数位数 s 的数值类型,默认的精度和小数位数分别为 18 和 0;money 为 8 个字节的货币型,精确到货币单位的万分之一;smallmoney 为 4 个字节的货币型,精确到货币单位的万分之一。

② 近似数字型——float(n)为浮点数字型,n 的默认值为 53,若 $1 \leqslant n \leqslant 24$,则该浮点数字占 4 个字节,若 $25 \leqslant n \leqslant 53$,则该浮点数字占 8 个字节;real 为 4 个字节的浮点数字型。

③ 日期时间型——datetime 为 8 个字节的日期时间型,取值范围为 1753 年 1 月 1 日~9999 年 12 月 31 日;smalldatetime 为 4 个字节的日期时间型,取值范围为 1900 年 1 月 1 日~2079 年 6 月 6 日。

④ 字符串型——char(n)为 n 个字节的定长字符串型,$1 \leqslant n \leqslant 8000$,默认值为 1;varchar(n)为(输入数据长度+2)个字节的变长字符串型,

$0{\leqslant}n{\leqslant}8000$,默认值为 1。

⑤ 二进制字符串型——binary(n)为 n 个字节的定长二进制字符串型,$1{\leqslant}n{\leqslant}8000$,默认值为 1;varbinary(n)为(输入数据长度+2)个字节的变长二进制字符串型,$0{\leqslant}n{\leqslant}8000$,默认值为 1。

⑥ 文本和图像型——text 为不超过 $2^{31}-1$(2GB)个字节的变长字符串型;ntext 为不超过 $2^{30}-1$(1GB)个字节的变长字符串型;image 为不超过 $2^{31}-1$(2GB)个字节的变长二进制字符串型。

(2) 是否允许空值。空值不等价于零或空串,仅表示未知或不确定。

(3) 是否实施约束或规则,是否为主键或外键。

(4) 每张表至多有 1024 个字段。

一、实验目的

1. 掌握创建、修改与删除表的两种方法。
2. 掌握创建与删除索引的两种方法。
3. 掌握利用企业管理器向表中插入记录的方法。

二、实验环境

Windows 8 + SQL Server 2000。

三、实验内容

1. 创建表

在 SQL Server 2000 中,创建表有两种方法:

(1) 利用企业管理器创建表。

【例】　创建三张表:商店表 Shop、商品表 Product、销售表 Sale,各表的结构分别如表 2-1、表 2-2、表 2-3 所示。

表 2-1　商店表 Shop 的结构

列名	数据类型	宽度	小数位	空否	备 注
ShopNo	char	3		N	商店号,主键
ShopName	char	10		Y	商店名
ShopAddress	char	20		Y	商店地址

表 2-2　商品表 Product 的结构

列名	数据类型	宽度	小数位	空否	备 注
ProNo	char	3		N	商品号,主键
ProName	char	10		Y	商品名
ProPrice	decimal			Y	商品价格

表 2-3 销售表 Sale 的结构

列名	数据类型	宽度	小数位	空否	备 注	
ShopNo	char	3		N	商店号，外键	合为主键
ProNo	char	3		N	商品号，外键	
Amount	int			Y	销售量	

① 如图 2-1 所示，打开企业管理器，展开 SP 数据库节点，右击"表"选项后单击"新建表"命令。

图 2-1 执行"新建表"操作

② 出现如图 2-2 所示窗口，对照表 2-1 设计表 Shop 的三列，设置 ShopNo 列为主键的方法是：右击该列，单击"设置主键"命令（再次单击可取消主键设置）后，主键列的最左边会出现一个小钥匙标志。设置多列的组合为主键的方法参见本实验的"2.修改表"部分。

③ 关闭新表创建窗口，出现如图 2-3 所示的对话框，单击"是"按钮，输入表名为 Shop，该表创建成功。注意，此时该表为空表，只有结构。

创建商品表 Product、销售表 Sale 的方法同商店表 Shop。

（2）使用 T-SQL 语句创建表。

语法为：

```
CREATE TABLE 表名
   (列名 数据类型 [默认值|IDENTITY(起始值,增量)] [列约束]
      [,其他列描述])
   [表约束]
   [ON 文件组名|DEFAULT] [TEXTIMAGE_ON 文件组名|DEFAULT]
```

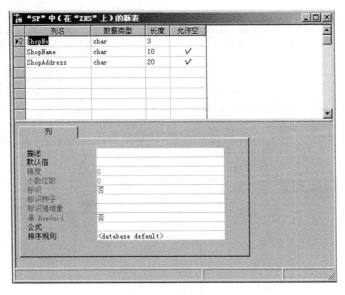

图 2-2　新表创建窗口

【说明】

- 表名：指定新建表的名称，长度不超过 128 个字符。
- 列名：必须遵循数据库对象的命名规则。
- IDENTITY：指定该列为一个标识列。当向表中插入一条新记录时，系统自动为新记录的标识列提供一个唯一、递增的数值。一张表只能指定一个标识列。
- ON 文件组名|DEFAULT：指定该表的存储位置。
- TEXTIMAGE_ON 文件组名|DEFAULT：指定该表中 ntext、text 或 image 类型数据的存储位置。

【例】　创建商店表 Shop1，执行代码及结果如图 2-4 所示。

图 2-3　保存新表对话框

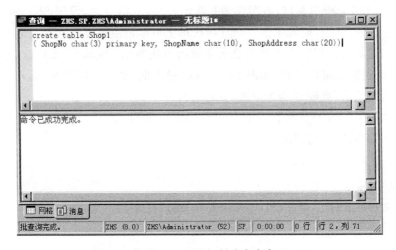

图 2-4　使用 T-SQL 语句创建商店表 Shop1

【例】　创建商品表 Product1,执行代码及结果如图 2-5 所示。

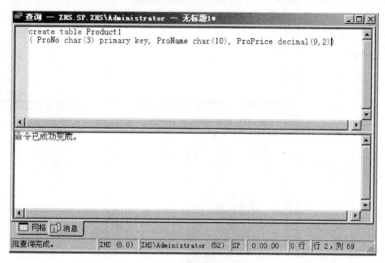

图 2-5　使用 T-SQL 语句创建商品表 Product1

【例】　创建销售表 Sale1,执行代码及结果如图 2-6 所示。

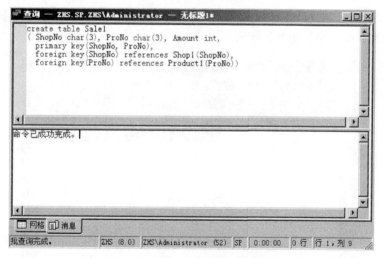

图 2-6　使用 T-SQL 语句创建销售表 Sale1

2. 修改表

在 SQL Server 2000 中,修改表有两种方法:

(1) 利用企业管理器修改表。

如图 2-7 所示,打开企业管理器,展开 SP 数据库节点,单击"表"选项,在右侧表窗口中右击待修改的表,单击"设计表"命令后出现设计表窗口,从而可以进行表的修改操作(如增加列、删除列、修改列属性等)。

【例】　在 SP 数据库中新建包含两个文件的文件组 FG,修改销售表 Sale,使其存储位置为文件组 FG,主键为(ShopNo,ProNo),外键分别为 ShopNo(参照商店表 Shop 中的主键 ShopNo)、ProNo(参照商品表 Product 中的主键 ProNo)。

图 2-7 执行修改表操作

第一步：新建包含两个文件的文件组 FG 至 SP 数据库中,具体方法参见实验一。查看 SP 数据库的文件组信息如图 2-8 所示。

图 2-8 "SP 属性-文件组"对话框

第二步：如图 2-9 所示,打开表 Sale 的设计表窗口,设置 ShopNo 列为主键后右击该窗口空白处,单击"属性"命令。

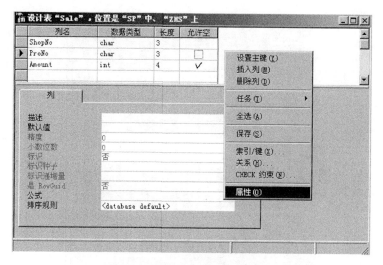

图 2-9　选择表 Sale 属性的设置操作

第三步：出现如图 2-10 所示窗口，选择"表文件组"和"文本文件组"的名称均为 FG。

第四步：单击"关系"标签，新建表示三张表之间参照关系的两个关系名，如图 2-11 所示。

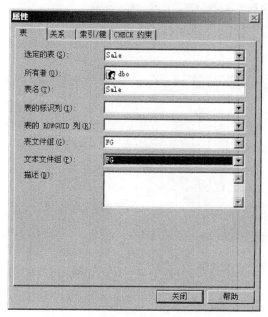

图 2-10　设置表 Sale 的存储位置

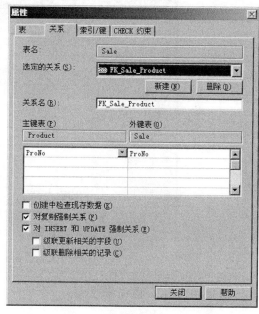

图 2-11　设置表 Sale 的参照关系

第五步：单击"索引/键"标签，向 PK_Sale 索引中添加另一列 ProNo(升序)，如图 2-12 所示，单击"关闭"按钮。

第六步：打开表 Sale 的设计表窗口，可见 ShopNo 和 ProNo 的组合为主键，这两列的最左边均出现了小钥匙标志，如图 2-13 所示。

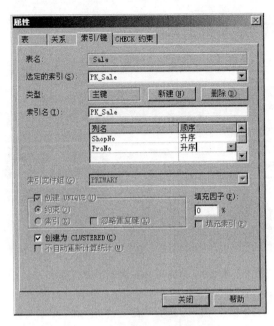

图 2-12　设置表 Sale 的主键

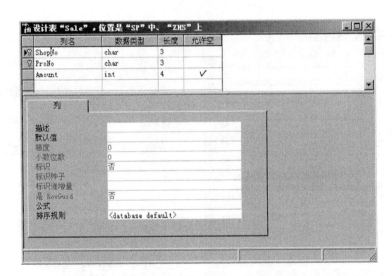

图 2-13　查看表 Sale 的主键

3．使用 T-SQL 语句修改表

语法如下：

```
ALTER TABLE 表名
    ALTER COLUMN 列描述 | ADD 列描述 | ADD 表约束
    | DROP 表约束 | DROP COLUMN 列名
```

【说明】

* ALTER COLUMN：修改已有列。

- ADD 列描述：新增列。
- ADD 表约束：新增表约束。
- DROP 表约束｜DROP COLUMN 列名：删除已有表约束或删除已有列。

【例】　修改商店表 Shop1 的结构：新增 6 位定长字符型"电话"列、将商店名改为 20 位定长字符型、新增商店名必须唯一的约束条件。执行代码及结果分别如图 2-14、图 2-15 和图 2-16 所示。

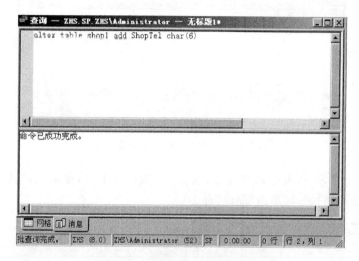

图 2-14　向表 Shop1 中新增列

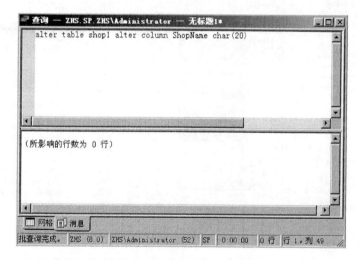

图 2-15　修改表 Shop1 中已有列

4．删除表

在 SQL Server 2000 中，删除表有两种方法：

（1）利用企业管理器删除表。

【例】　删除商店表 Shop1 和销售表 Sale1。由于这两张表之间存在 Sale1 对 Shop1 的参照关系，所以必须先删除表 Sale1，然后再删除表 Shop1。

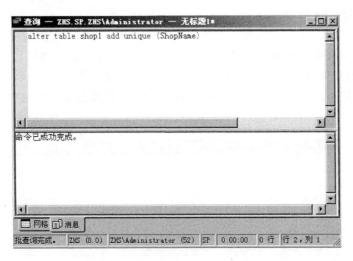

图 2-16　向表 Shop1 中新增表约束

① 如图 2-17 所示,打开企业管理器,展开 SP 数据库节点,单击"表"选项,在右侧表窗口中右击待删除的表 Sale1,单击"删除"命令。

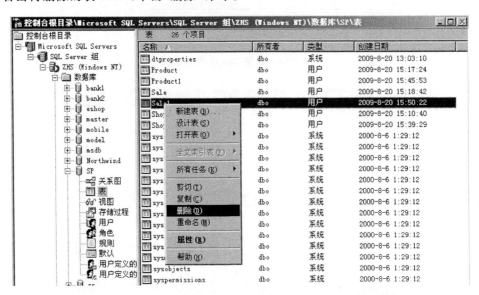

图 2-17　执行删除表操作

② 出现如图 2-18 所示对话框,单击"全部除去"按钮即可删除表 Sale1。

③ 用同样方法删除表 Shop1。

注意:删除表时必须小心,因为表一旦删除便无法恢复,表中的数据也将随着表结构的删除而消失。

(2) 使用 T-SQL 语句删除表。

语法为:

DROP TABLE 表名

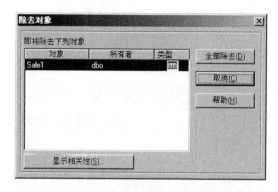

图 2-18　删除表的确认对话框

注意：删除多张表时应结合表间的参照关系确定删除表的次序。

【例】　删除商品表 Product1。执行代码及结果如图 2-19 所示。

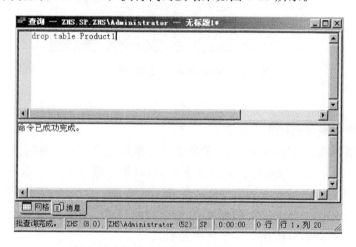

图 2-19　使用 T-SQL 语句删除表 Product1

5．创建索引

一张表上可以建立一个或多个索引，以提供多种存取路径，加快查询的速度。系统在存取数据时会自动选择合适的索引作为存取路径，用户不必也不能显式地选择索引。

在 SQL Server 2000 中，创建索引有两种方法：

（1）利用企业管理器创建索引。

【例】　在表 Shop 的 ShopName 列上建立一个唯一索引 IX_ShopName。

打开表 Shop 的设计表窗口，右击该窗口空白处，单击"索引/键"命令，出现如图 2-20 所示对话框，单击"新建"按钮，输入"索引名"为 IX_ShopName，选择"列名"为 ShopName，"顺序"为"升序"，选中"创建 UNIQUE"复选框后单击"关闭"按钮。

（2）使用 T-SQL 语句创建索引。

语法为：

```
CREATE [UNIQUE] [CLUSTERED] INDEX 索引名
ON 表名(列名[ASC|DESC] [,其他列名[ASC|DESC]])
```

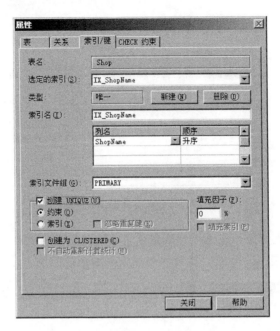

图 2-20　Shop 表属性-索引/键对话框

【说明】

- 表名：指定需要创建索引的表。
- 列名：指定在该列上创建索引，多列索引时各列之间用逗号分隔。
- ASC | DESC：前者（默认）指定升序索引，后者指定降序索引。
- UNIQUE：指定每个索引值对应表中唯一的记录。
- CLUSTERED：指定建立聚簇索引（索引项的顺序与表中记录的物理顺序一致），一个基本表上最多只能建立一个聚簇索引。

【例】　为 Shop 表按商店号升序建立唯一索引，Product 表按商品号升序建立唯一索引，Sale 表按商店号升序和商品号降序建立唯一索引。执行代码及结果如图 2-21 所示。

图 2-21　使用 T-SQL 语句创建索引

6. 删除索引

在 SQL Server 2000 中,删除索引有两种方法:

(1) 利用企业管理器删除索引。

【例】 删除表 Shop 的索引 IX_ShopName。

在图 2-20 所示窗口中,选中待删除的索引 IX_ShopName 后,单击"删除"按钮即可。

(2) 使用 T-SQL 语句删除索引。

语法为:

```
DROP INDEX 表名.索引名
```

【例】 删除 Shop 表的 Shop_ShopNo 索引。执行代码及结果如图 2-22 所示。

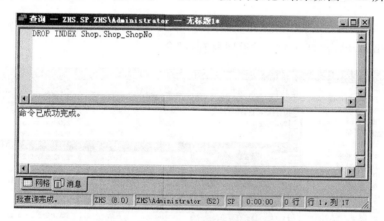

图 2-22　使用 T-SQL 语句删除索引

7. 利用企业管理器向表中插入记录

【例】 分别向商店表 Shop、商品表 Product、销售表 Sale 添加如表 2-4、表 2-5 和表 2-6 所示的数据。

表 2-4　商店表 Shop 的内容

ShopNo	ShopName	ShopAddress
S01	乐购	上海
S02	红星	北京
S03	苏果	南京
S04	联华	北京

表 2-5　商品表 Product 的内容

ProNo	ProName	ProPrice
P01	海尔冰箱	2400
P02	春兰空调	2000
P03	海尔电视	1200
P04	长虹电视	1200

表 2-6　销售表 Sale 的内容

ShopNo	ProNo	Amount
S01	P01	100
S01	P02	200
S01	P03	150
S02	P01	120
S02	P02	80
S03	P01	100
S03	P03	200
S03	P04	NULL

(1) 如图 2-23 所示,打开企业管理器,展开 SP 数据库节点,单击"表"选项,在右侧表窗口中右击表 Shop,单击"打开表"→"返回所有行"命令。

图 2-23　执行向表 Shop 中插入记录的操作

(2) 出现如图 2-24 所示窗口,输入如表 2-4 所示的各条记录。

图 2-24　向表 Shop 中插入记录的窗口

(3) 商品表 Product、销售表 Sale 的记录添加方法同商店表 Shop。

四、实验练习

完成下列各题,并基于练习内容撰写实验报告。

1. 利用企业管理器创建学生表 Student,其表结构如表 2-7 所示。

表 2-7　学生表 Student 的结构

列名	数据类型	宽度	小数位	空否	备　注
Sno	char	9		N	学号,主键
Sname	char	8		Y	姓名
Ssex	char	2		Y	性别
Sage	int			Y	年龄
Sdept	char	20		Y	系别

2. 使用 T-SQL 语句创建课程表 Course 和选课表 SC,表结构如表 2-8 和表 2-9 所示。

表 2-8　课程表 Course 的结构

列名	数据类型	宽度	小数位	空否	备　注
Cno	char	4		N	课程号,主键
Cname	char	40		Y	课程名
Cpno	char	4		Y	先修课程号,外键
Ccredit	int			Y	学分

表 2-9　选课表 SC 的结构

列名	数据类型	宽度	小数位	空否	备　注	
Sno	char	9		N	学号,外键	合为主键
Cno	char	4		N	课程号,外键	
Grade	int			Y	成绩	

3. 使用 T-SQL 语句修改 Student 表的结构:将姓名改为 6 位定长字符串、新增入学时间列、新增姓名取唯一值的约束条件、删除入学时间列。

4. 使用 T-SQL 语句为 Student 表按 Sdept 列建立一个聚簇索引,为 SC 表按学号升序和课程号降序建立唯一索引。

5. 利用企业管理器分别向学生表 Student、课程表 Course、选课表 SC 添加如表 2-10、表 2-11 和表 2-12 所示的数据。

表 2-10　学生表 Student 的内容

Sno	Sname	Ssex	Sage	Sdept
200215121	李勇	男	20	CS
200215122	刘晨	女	19	CS
200215123	王敏	女	18	MA
200215125	张立	男	19	IS

表 2-11　课程表 Course 的内容

Cno	Cname	Cpno	Ccredit
1	数据库	5	4
2	数学		2
3	信息_系统	1	4
4	操作_系统	6	3
5	数据结构	7	4
6	数据处理		2
7	PASCAL 语言	6	4

表 2-12　选课表 SC 的内容

Sno	Cno	Grade
200215121	1	92
200215121	2	85
200215121	3	88
200215122	2	90
200215122	3	80

数 据 查 询

【基本原理】

SQL 即结构化查询语言,是一种高度非过程化的标准语言,包括数据定义语言 DDL、数据操纵语言 DML 和数据控制语言 DCL。

SELECT 语句是 SQL 中最重要的一条命令,可以完成基于基本表和视图的信息检索。SELECT 语句的语法为:

```
SELECT [ALL|DISTINCT]目标列,…
FROM 表名|视图名,…
[WHERE 条件]
[GROUP BY 分组列名[HAVING 条件]]
[ORDER BY 排序列名[ASC|DESC]]
```

(1) 整个语句的含义是:根据 WHERE 子句的条件,从 FROM 子句指定的基本表或视图中找出满足条件的元组,按指定的目标列形成输出结果。

(2) 若有 GROUP BY 子句,则将满足 WHERE 条件的元组按分组列的值进行分组(分组列值相等的元组在一个组中),然后在各组中进行聚集。若 GROUP BY 带有 HAVING 子句,则只输出满足 HAVING 条件的结果。常用聚集函数有 COUNT、SUM、AVG、MAX、MIN,分别表示计数、求和、求平均值、求最大值、求最小值。

(3) 若有 ORDER BY 子句,则将结果按排序列的值进行排序。ASC 为升序,DESC 为降序,默认为 ASC。

SELECT 语句既可以完成简单的单表查询,又可以完成复杂的连接查询和嵌套查询。

单表查询是指仅涉及一个表的查询。

连接查询是指同时涉及两个以上表的查询,包括等值连接查询、自然连接查询、非等值连接查询、自身连接查询、外连接查询和复合条件连接查询。

嵌套查询是指将一个 SELECT 语句嵌套在另一个 SELECT 语句的 WHERE 或 HAVING 子句中的查询,其中,外层查询称为父查询,内层查询称为子查询。嵌套查询分为:

（1）不相关子查询。子查询的查询条件不依赖于父查询，求解过程由里向外。

（2）相关子查询。子查询的查询条件依赖于父查询，求解过程由外向里。

子查询可以带有 IN 谓词、六种比较运算符、ALL 谓词、ANY 谓词、EXISTS 谓词，其中 EXISTS 表示存在量词∃，它表示若内层查询结果非空，则外层 WHERE 子句返回 true，否则返回 false。EXISTS 表示存在量词∃，该类子查询的目标列为 *，表示若内层查询结果非空，则外层 WHERE 子句返回 true，否则返回 false。T-SQL 中没有全称量词∀，但带有全称量词的谓词可以转换为等价的带有存在量词的谓词：$(\forall x)P \equiv \neg(\exists x(\neg P))$。

SELECT 语句的查询结果是元组的集合，所以多个 SELECT 语句的结果可以进行并 UNION、交 INTERSECT 和差 EXCEPT 等集合操作，参加集合操作的各结果表的列数必须相同且对应列的数据类型也必须相同。T-SQL 只支持 UNION 集合操作。

一、实验目的

1. 掌握 SELECT 语句的语法。
2. 掌握基于单表的查询方法。
3. 掌握基于多表的查询方法。
4. 掌握相关与不相关的嵌套查询。
5. 掌握使用 UNION 的集合查询。

二、实验环境

Windows 8 + SQL Server 2000。

三、实验内容

1. 单表查询

（1）选择表中的若干列。

【例】 查询所有商店的商店号、商店名。执行代码及结果如图 3-1 所示。

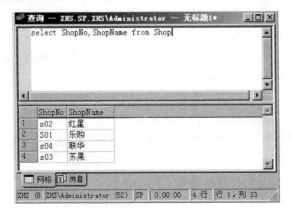

图 3-1　查询指定列

【例】 查询所有商品的详细信息。执行代码及结果如图 3-2 所示。

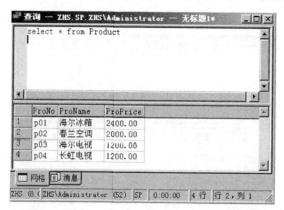

图 3-2 查询全部列

（2）选择表中不重复的元组。

【例】 查询销售了商品的商店号。执行代码及结果如图 3-3 所示。

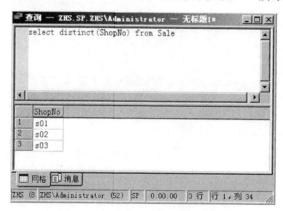

图 3-3 选择表中不重复的元组

（3）选择表中满足条件的元组。

【例】 查询销售了 p01 商品的商店编号。执行代码及结果如图 3-4 所示。

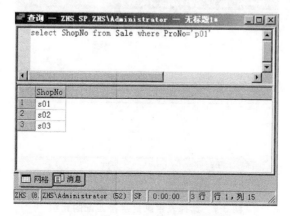

图 3-4 选择表中满足条件的元组

【例】　查询价格在 2000～3000 元的商品号、商品名。执行代码及结果如图 3-5 所示。

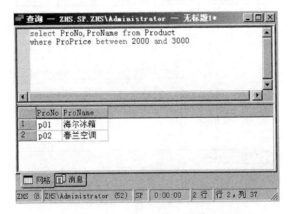

图 3-5　选择表中满足确定范围的元组

【例】　查询销售了 p01 或 p02 商品的商店号。执行代码及结果如图 3-6 所示。

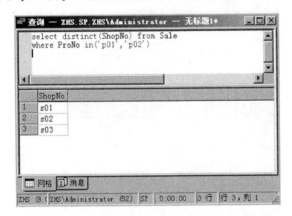

图 3-6　选择表中满足确定集合的元组

【例】　查询所有电视商品的品牌、价格。执行代码及结果如图 3-7 所示。

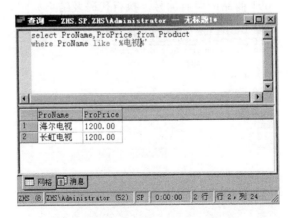

图 3-7　选择表中满足字符匹配的元组

【例】 查询销售表中无销售数量的销售记录。执行代码及结果如图 3-8 所示。

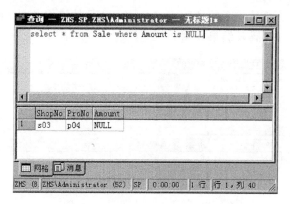

图 3-8 选择表中列为空值的元组

【例】 查询价格在 2000 元以上的海尔品牌商品。执行代码及结果如图 3-9 所示。

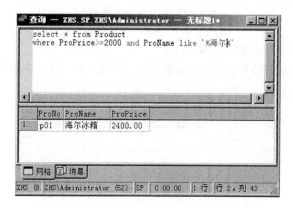

图 3-9 选择表中满足多重条件的元组

（4）使用 order by 子句对查询结果进行排序。

【例】 查询所有商品的信息,结果按价格降序排列,价格相同时按商品名升序排列。执行代码及结果如图 3-10 所示。

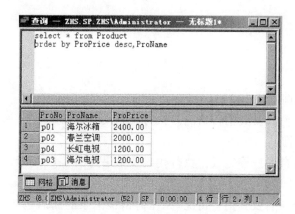

图 3-10 使用 order by 对查询结果排序

（5）使用聚集函数查询。

【例】 查询销售了商品 p01 的商店数以及 p01 商品的销售总量、平均销售量、最大销售量和最小销售量。执行代码及结果如图 3-11 所示。

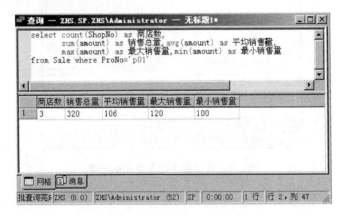

图 3-11 使用聚集函数查询

（6）使用 group by 子句进行分组查询。

【例】 查询各商品的销售总量，只显示销售总量在 300 以上的商品及销售总量。执行代码及结果如图 3-12 所示。

图 3-12 使用 group by 分组查询

2. 多表查询

（1）等值连接查询。

【例】 查询每个商店及其销售情况。执行代码及结果如图 3-13 所示。

（2）自然连接查询。

【例】 对上例用自然连接完成。执行代码及结果如图 3-14 所示。

（3）外连接查询。

【例】 查询每个商店及其销售情况，无任何销售记录的商店也要显示其基本信息。执行代码及结果如图 3-15 所示。

图 3-13　等值连接查询

图 3-14　自然连接查询

图 3-15　左外连接查询

3. 嵌套查询

（1）不相关子查询。

【例】　查询与红星商店在同一个地区的商店信息。执行代码及结果如图 3-16 所示。

图 3-16　不相关子查询

（2）相关子查询。

【例】　查询至少销售了商店 s02 所销售的全部商品的商店号。执行代码及结果如图 3-17
所示。

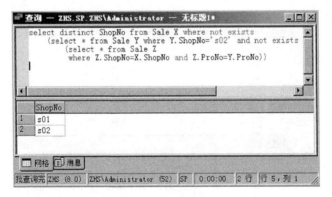

图 3-17　相关子查询

4. 使用 union 的集合查询

【例】　查询上海及北京地区的商店信息。执行代码及结果如图 3-18 所示。

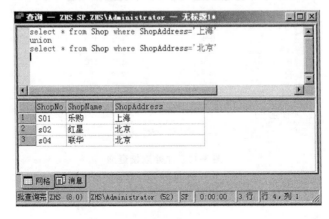

图 3-18　使用 union 的集合查询

四、实验练习

完成下列各题,并基于练习内容撰写实验报告。

1. 使用 T-SQL 语句,进行单表查询:

(1) 查询全体学生的学号与姓名。

(2) 查询全体学生的姓名、学号、系别。

(3) 查询全体学生的所有信息。

(4) 查询全体学生的姓名及其出生年份。

(5) 查询全体学生的姓名和系别(系别用小写字母显示)。

(6) 查询选修了课程的学生学号。

(7) 查询 CS 系全体学生的姓名。

(8) 查询年龄在 17~19 岁(含边界)的学生姓名和年龄。

(9) 查询 CS 系或 MA 系的学生姓名和系别。

(10) 查询所有李姓学生的姓名。

(11) 查询课程名称中第 3~5 个字为"_系统"的课程信息。

(12) 查询缺少成绩的学生学号和相应课程号。

(13) 查询计算机科学系年龄在 20 岁以下的学生姓名。

(14) 查询全体学生情况,结果按系别升序、年龄降序排列。

(15) 查询选课记录总数及选修了课程的学生人数。

(16) 查询 2 号课程的平均分、最高分和最低分。

(17) 查询每门课程的选课人数。

(18) 查询选修了 2 门以上课程的学生学号。

2. 使用 T-SQL 语句,进行连接查询:

(1) 查询每个学生及其选修课程的情况。

(2) 查询每门课的间接先修课。

(3) 查询每个学生的学号、姓名、选修课程名及成绩。

3. 使用 T-SQL 语句,进行嵌套查询:

(1) 查询所有选修了 2 号课程的学生姓名。

(2) 查询每个学生超过他所有选修课程平均成绩的课程号。

(3) 查询其他系中比 CS 系所有学生年龄都小的学生姓名。

(4) 查询所有选修了 2 号课程的学生姓名。

(5) 查询选修了全部课程的学生姓名。

(6) 查询至少选修了 200215122 选修的全部课程的学生学号。

4. 使用 T-SQL 语句,进行集合查询:查询 CS 系的学生或年龄不大于 19 岁的学生。

实验 四 数据更新与视图操作

【基本原理】

创建表是为了利用表来存储和管理数据,而数据更新则是通过数据操纵语言 DDL 来实现对已创建表的基本操作。SQL 数据更新包括:

(1) 利用 Insert 语句向表中插入一个或多个元组。插入新元组时,必须考虑表的实体完整性、参照完整性及自定义完整性。数据库的完整性技术详见实验五。

(2) 利用 Delete 语句删除表中的一个或多个元组。删除元组时,也必须考虑表的实体完整性、参照完整性及自定义完整性。

(3) 利用 Update 语句修改表中的一个或多个元组。修改元组时,也必须考虑表的实体完整性、参照完整性及自定义完整性。

视图是 DBMS 提供给用户以多种角度观察表中数据的重要机制,是从若干个基本表(或视图)导出的虚表。视图一经创建,可以和基本表一样被查询和更新。

创建视图时,子查询不能有 DISTINCT 子句;若带有 WITH CHECK OPTION 子句,则更新视图时要检查约束条件;视图的列或全部省略或全部指定,省略时表示视图由子查询的目标列组成。若视图仅从单个基本表导出,并且只是去掉了基本表的某些行和某些列,但保留了主键,这样的视图称为行列子集视图。

视图的查询和更新都要转换成对相应基本表的查询和更新,这个转换过程称为视图消解。行列子集视图都是可以进行消解的,其他视图则不然。视图更新时,系统将自动检查视图创建时 WITH CHECK OPTION 子句中的条件,若不满足条件,则拒绝执行该操作。

视图的作用体现在如下几个方面:

(1) 简化了用户的操作——视图可以基于多表连接、嵌套查询等。

(2) 以多种视角看待同一数据——视图可以不同方式看待数据库。

(3) 提供了逻辑独立性——视图可以保存一张表垂直划分的自然连接结果,此时尽管数据库的逻辑结构改变了(变为多个表),但基于视图的应用程序不必修改。

(4) 提供了数据的安全性——可对不同用户定义不同视图。

一、实验目的

1. 掌握向表中插入一个或多个元组的方法。
2. 掌握删除表中一个或多个元组的方法。
3. 掌握修改表中一个或多个元组的方法。
4. 掌握视图的创建、查询和更新操作。

二、实验环境

Windows 8 + SQL Server 2000。

三、实验内容

1. 插入数据

（1）插入一行数据。

语法为：

INSERT INTO 表名[(列名[,其他列名])] VALUES (常量[,其他常量])

【例】 将新商店(s05,沃尔马,上海)插入到 Shop 表中。执行代码及结果如图 4-1 所示。

图 4-1　插入一行数据

（2）插入多行数据。

将 SELECT 语句的查询结果插入到指定表中。

语法为：

INSERT INTO 表名[(列名[,其他列名])] SELECT 语句

【例】 创建与表 Shop 具有相同结构与相同数据的新表 Shop1。

第一步：创建新表。

```
create table Shop1
  (ShopNo CHAR(3) primary key,ShopName char(10),ShopAddress char(20))
```

第二步：插入数据。执行代码及结果如图 4-2 所示。

图 4-2　插入多行数据

注意：无论是插入单行还是多行数据，DBMS 都会自动检查所插数据是否破坏了表中已定义的完整性规则。

2. 修改数据

修改数据时 DBMS 也会自动检查完整性规则。

语法为：

UPDATE 表名 SET 列名＝表达式[,其他列名＝表达式] [WHERE 条件]

(1) 修改一行数据。

【例】　将商店 s02 的商店名改为"红五星"。执行代码及结果如图 4-3 所示。

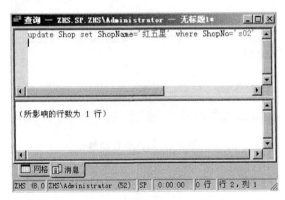

图 4-3　修改一行数据

(2) 修改多行数据。

【例】　将所有商品的价格增加 100 元。执行代码及结果如图 4-4 所示。

3. 删除数据

删除数据时 DBMS 也会自动检查完整性规则。

语法为：

DELETE FROM 表名[WHERE 条件]

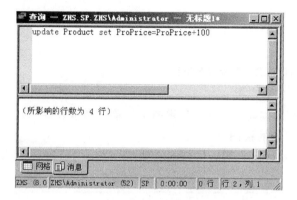

图 4-4　修改多行数据

（1）删除一行数据。

【例】　删除 s05 商店的基本信息。执行代码及结果如图 4-5 所示。

图 4-5　删除一行数据

（2）删除多行数据。

【例】　删除苏果商店的所有销售记录。执行代码及结果如图 4-6 所示。

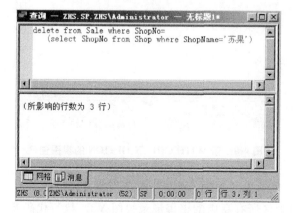

图 4-6　删除多行数据

4．视图的基本操作

（1）创建视图。

语法为：

CREATE VIEW 视图名[(列名[,其他列名])]
AS 子查询[WITH CHECK OPTION]

① 行列子集视图的创建：行列子集视图是从单个基本表导出，仅去掉基本表的某些行或列，保留了基本表主键的视图。

【例】 创建北京地区所有商店的基本信息视图 V1。执行代码及结果如图 4-7 所示。

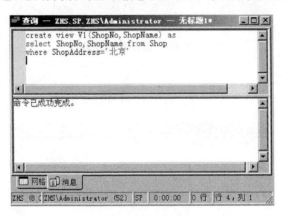

图 4-7 创建行列子集视图

② 带 WITH CHECK OPTION 的视图创建：视图创建后，基于该视图的更新操作不得破坏视图定义时 WHERE 中的条件。

【例】 创建北京地区所有商店的基本信息视图 V2，要求基于该视图进行更新操作时只能涉及北京地区的商店。执行代码及结果如图 4-8 所示。

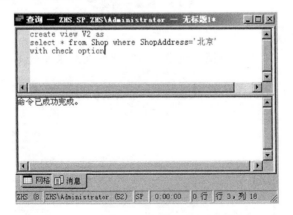

图 4-8 带 WITH CHECK OPTION 的视图创建

③ 基于多个基本表的视图创建：视图从多个基本表导出。

【例】 创建北京地区所有商店的销售记录视图 V3。执行代码及结果如图 4-9 所示。

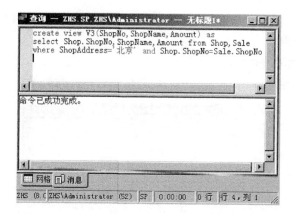

图 4-9 基于多个基本表的视图创建

④ 基于视图的视图创建：新视图从已建视图导出。

【例】 创建北京地区、销售量大于 100 的销售记录视图 V4。执行代码及结果如图 4-10 所示。

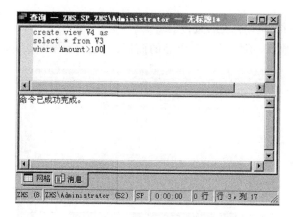

图 4-10 基于视图的视图创建

⑤ 分组视图的创建：视图创建时的 Select 语句带 group by 子句。

【例】 创建各商店平均销售量的视图 V5。执行代码及结果如图 4-11 所示。

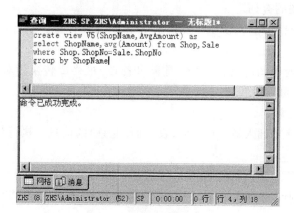

图 4-11 分组视图的创建

（2）查询视图：视图定义后，可以像基本表一样用于查询，但对视图的查询最终要转化为对相应基本表的查询。

① 基于非分组视图的查询。

【例】 查询北京地区、商店名为联华的商店信息。执行代码及结果如图 4-12 所示。

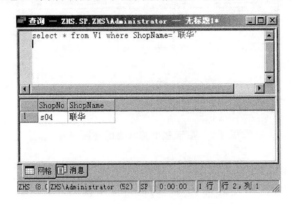

图 4-12　查询非分组视图

② 基于非分组视图和基本表的查询。

【例】 查询北京地区、销售了 p01 商品的商店。执行代码及结果如图 4-13 所示。

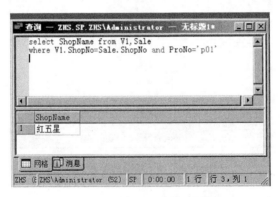

图 4-13　查询非分组视图和基本表

③ 基于分组视图的查询。

【例】 查询平均销售量大于 100 的商店名和平均销售量。执行代码及结果如图 4-14 所示。

（3）更新视图：对视图的更新（插入、删除和修改）最终要转换为对相应基本表的更新，只有行列子集视图是可以更新的。

① 向视图中插入数据。

【例】 向视图 V1 中插入新商店（s05，农工商，北京）的信息。执行代码及结果如图 4-15 所示。

【例】 向视图 V1 中插入新商店（s06，家乐福，上海）的信息。执行代码及结果如图 4-16 所示。尽管商店 s06 所在地区为上海，但由于创建视图 V1 时未带 WITH CHECK OPTION，所以插入数据有效。

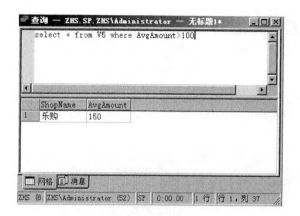

图 4-14　查询分组视图

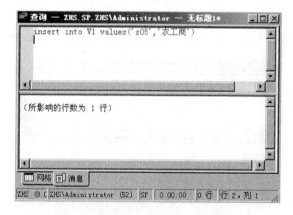

图 4-15　视图上的插入数据操作 1

图 4-16　视图上的插入数据操作 2

【例】　向视图 V2 中插入新商店（s07，德尚，上海）的信息。执行代码及结果如图 4-17 所示。插入操作无效，因商店 s07 所在地区为上海，但创建视图 V2 时带 WITH CHECK OPTION，表示基于该视图更新数据时商店所在地区一定要为北京。若插入新商店（s07，德尚，北京）的信息则有效。

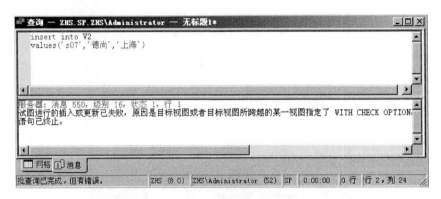

图 4-17　视图上的插入数据操作 3

② 在视图中删除数据：删除数据时也要考虑视图创建时是否带 WITH CHECK OPTION。

【例】　删除视图 V1 中商店号为 s04 的记录。执行代码及结果如图 4-18 所示。

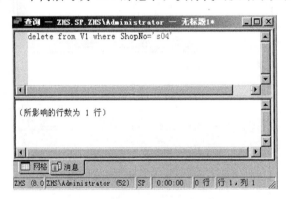

图 4-18　视图上的删除数据操作

③ 在视图中修改数据：修改数据时也要考虑视图创建时是否带 WITH CHECK OPTION。

【例】　将视图 V1 中 s02 商店的商店名改为五星。执行代码及结果如图 4-19 所示。

图 4-19　视图上的修改数据操作

（4）删除视图。

语法为：

DROP VIEW 视图名

基本表或视图删除后，由该基本表或视图导出的视图仍然存在，但不能使用。

【例】 删除视图 V3。执行代码及结果如图 4-20 所示。

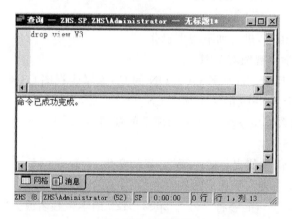

图 4-20 删除视图

删除视图 V3 后，基于 V3 创建的视图 V4 仍然存在，在企业管理器 SP 数据库的"视图"节点中依然可见，但其已无效，如基于 V4 的查询结果如图 4-21 所示。此时，使用 DROP VIEW V4 可删除视图 V4。

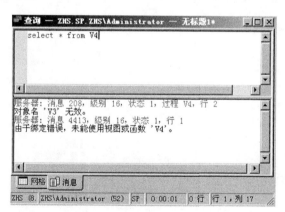

图 4-21 基于视图 V4 的查询无效

四、实验练习

完成下列各题，并基于练习内容撰写实验报告。

1. 使用 T-SQL 语句，进行表的插入操作：

（1）将（200215128，陈冬，男，18，CS）插入到学生表中。

（2）将（200215128，1）插入到选课表中。

(3) 将各系及其学生平均年龄的信息插入到表 Dept_age 中。

2. 使用 T-SQL 语句,进行表的修改操作:

(1) 将所有学生的年龄增加 1 岁。

(2) 将 CS 系全体学生的成绩置零。

3. 使用 T-SQL 语句,进行表的删除操作:

(1) 删除学号为 200215128 的学生记录。

(2) 删除 CS 系所有学生的选课记录。

4. 使用 T-SQL 语句,进行如下视图操作:

(1) 创建 CS 系学生视图 CS_S1。

(2) 创建带有 WITH CHECK OPTION 的 CS 系学生视图 CS_S2。

(3) 创建 CS 系年龄>19 的学生视图 CS_S3。

(4) 创建一个包含学生学号及其平均成绩的视图 S_G。

(5) 删除视图 CS_S3。

(6) 在视图 CS_S1 中找出年龄小于 20 岁的学生。

(7) 在视图 S_G 中查询平均成绩在 90 分以上的学生成绩。

(8) 通过视图 CS_S1,能够将学号为 200215122 的学生姓名改为"刘辰"吗?

(9) 通过视图 CS_S2 或 CS_S1,能够插入学生(200215129,'赵新','男',20,'MA')吗?

(10) 通过视图 CS_S1 能够删除学号为 200215129 的学生基本信息吗?

実验 **五**　数据库的安全性与完整性

【基本原理】

数据库的安全性是指保护数据库,防止不合法的使用所造成的数据泄露、更改或破坏。SQL Server 2000 的安全性级别为 C2 级,具有自主存取控制与审计功能,它通过安全认证模式、登录用户、数据库用户、角色和权限的管理来实现数据库的安全性控制。

SQL Server 2000 提供了两种安全认证模式。

(1) 仅 Windows:将 Windows NT 的安全机制集成到 SQL Server 中,使用信任方式,即用户登录 Windows 后,就能以同一账户连接到 SQL Server。

(2) SQL Server 和 Windows:将 Windows NT 的安全机制集成到 SQL Server 中,使用非信任方式,即用户登录 Windows 后若以同一账户连接 SQL Server 时,SQL Server 将检查该账户,若为登录用户,则连接成功,否则认证失败。

登录用户是指能够连接到数据库服务器的用户,一个登录用户可以登录若干个数据库。数据库用户是指被授权访问该数据库的用户,他必须首先是该数据库的登录用户,同一数据库的不同用户可以拥有对该数据库的相同或不同权限。数据库角色是指具有相同权限的数据库用户的集合,角色的引入方便了对权限的管理。

SQL Server 2000 通过 GRANT、REVOKE 语句实现授权与回收权限,通过调用系统存储过程 sp_addlogin 创建登录用户,调用 sp_adduser 创建数据库用户,调用 sp_addrole 创建角色,调用 sp_addrolemember 向指定角色中添加用户,调用 sp_droprolemember 从指定角色中删除用户。

数据库的完整性是指数据库中数据的正确、相容和有效,防止数据库中存在不符合语义规定的数据。数据库的完整性分为三类。

(1) 实体完整性:指主键的取值非空且唯一。定义方法是创建表时用 PRIMARY KEY 指定主键。

(2) 参照完整性:指外键的取值要么为空,要么等于被参照表中某一元组的主键值。定义方法是创建表时用 FOREIGN KEY 指定外键。

(3) 自定义完整性:指用户面向具体应用所施加于列或表上的约束、规则和触发器。

约束是实施数据库完整性的第一选择,包括默认约束、检查约束、唯一约束、非空约束、主键约束和外键约束。定义方法有两种:一是创建表时用 CHECK 指定列值应该满足的条件,二是创建表时用 CONSTRAINT 指定约束命名条件。

规则用来指定向表中插入或修改某列数据时,限制该列的取值范围。定义方法是使用 CREATE RULE 语句创建一个域,然后将该域绑定到指定表的指定列上。

触发器是一种特殊的存储过程,不能被显式调用,只在向表或视图中插入、删除或修改数据时被自动激活。触发器类似于约束,但比约束具有更精细和更强大的完整性控制能力。定义方法是使用 CREATE TRIGGER 语句创建一个触发器。

一、实验目的

1. 理解数据库的安全性与完整性概念。
2. 掌握数据库的安全性控制技术。
3. 掌握数据库的完整性控制技术。

二、实验环境

Windows 8 + SQL Server 2000。

三、实验内容

1. 设置安全认证模式

(1) 如图 5-1 所示,打开企业管理器,展开服务器组,右击需要设置的 SQL Server 服务器(本例为 ZHS),单击"属性"命令。

图 5-1 执行 SQL Server 属性设置操作

（2）显示如图 5-2 所示窗口，单击"安全性"选项卡。

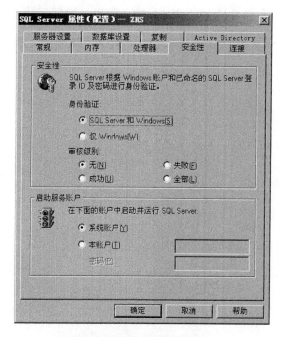

图 5-2　设置安全验证模式

（3）根据应用环境的需要，选择相应的安全认证模式。

2．创建登录用户

在 SQL Server 2000 中，创建登录用户有两种方法：

（1）利用企业管理器创建登录用户。

① 如图 5-3 所示，展开 SQL Server 服务器（本例为 ZHS）的"安全性"节点，右击"登录"
选项后单击"新建登录"命令。

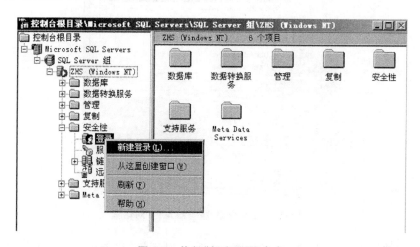

图 5-3　执行"新建登录"命令

　　② 出现如图 5-4 所示的对话框，在"名称"文本框中输入新建登录用户名（本例为"朱辉生"），选中"SQL Server 身份验证"单选按钮，输入密码后选择登录的默认数据库。

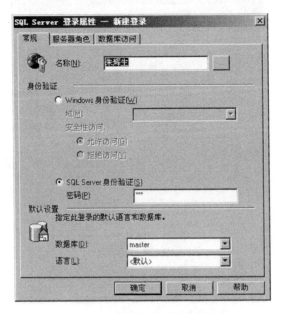

图 5-4 "新建登录-常规"对话框

　　③ 单击"服务器角色"标签，出现如图 5-5 所示对话框，设置该登录用户所属的服务器角色。

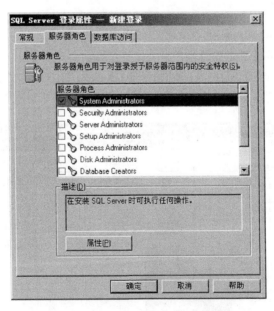

图 5-5 "新建登录-服务器角色"对话框

　　④ 单击"数据库访问"标签，出现如图 5-6 所示对话框，设置该登录用户可以访问的数据库（本例为 model、msdb，表示新建的登录用户将成为这两个数据库的数据库用户）及所

属的数据库角色后,单击"确定"按钮。

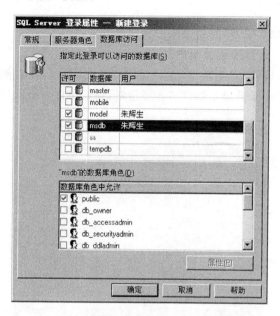

图 5-6 "新建登录-数据库访问"对话框

⑤ 出现确认密码窗口后,再次输入密码,单击"确定"按钮后完成登录用户的创建。

【例】 使用上述同样方法,创建四个登录用户 U1、U2、U3、U4,创建 U1、U2 时均选中数据库访问为 SP,使它们成为 SP 数据库的用户,创建 U3、U4 时不选中任何数据库。

(2) 使用 T-SQL 语句创建登录用户。

语法为:

sp_addlogin 登录名 [,登录密码 [,默认数据库]]

注意:未指定默认数据库时,默认数据库是 master。

【例】 创建登录用户,登录名为"丁勇",密码为 dy,默认数据库为 SP。执行代码及结果如图 5-7 所示。

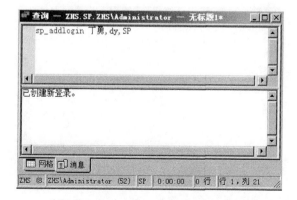

图 5-7 使用 T-SQL 语句创建登录用户

3. 修改登录用户

在 SQL Server 2000 中,修改登录用户有两种方法:

(1) 利用企业管理器修改登录用户。

打开企业管理器,展开"安全性"节点后,单击"登录"选项,在右侧窗口中右击待修改的登录用户,单击"属性"命令后显示如图 5-8 所示对话框,可以对登录用户进行修改。

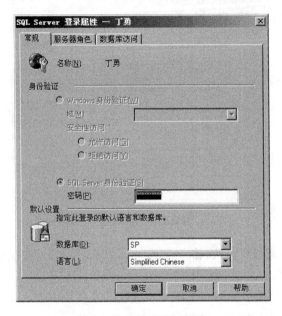

图 5-8　"登录属性"对话框

(2) 使用 T-SQL 语句修改登录用户。

语法为:

sp_password 旧密码,新密码,登录用户名

【例】　以 sa 登录服务器,修改登录用户丁勇的密码。执行代码及结果如图 5-9 所示。

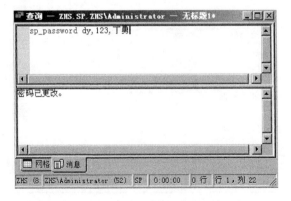

图 5-9　使用 T-SQL 语句修改登录用户

4. 删除登录用户

在 SQL Server 2000 中,删除登录用户有两种方法:

(1) 利用企业管理器删除登录用户。

① 如图 5-10 所示,打开企业管理器,展开"安全性"节点后,单击"登录"选项,在右侧窗口中右击待删除的登录用户,单击"删除"命令。

图 5-10 执行删除登录用户操作

② 出现如图 5-11 所示对话框,单击"是"按钮将删除该登录用户。

图 5-11 确认删除登录用户对话框

(2) 使用 T-SQL 语句删除登录用户。

语法为:

`sp_droplogin 登录用户名`

【例】 删除登录用户 U4。执行代码:

`sp_droplogin U4`

注意:若待删除登录用户已是某数据库用户,则须先删除数据库用户,再删除登录用户。

5. 创建数据库用户

SQL Server 2000 安装后只有 sa(系统管理员)和 guest 两个用户。在 SQL Server 2000 中,创建数据库用户有两种方法:

(1) 利用企业管理器创建数据库用户。

① 如图 5-12 所示,打开企业管理器,展开 SP 数据库节点,右击"用户"选项,单击"新建数据库用户"命令。

图 5-12　执行"新建数据库用户"命令

　　② 出现如图 5-13 所示窗口,从"登录名"列表框中选择登录用户(本例为"朱辉生"),输入用户名 zhs(默认为登录用户名),单击"确定"按钮后即完成创建。

图 5-13　创建数据库用户

(2) 使用 T-SQL 语句创建数据库用户。

语法为:

sp_adduser 登录用户名

【例】 创建 SP 的数据库用户 U3：

sp_adduser U3

注意：当前数据库为 SP，执行该语句前 U3 尚不是 SP 的数据库用户。

6．删除数据库用户

在 SQL Server 2000 中，删除数据库用户有两种方法：

(1) 利用企业管理器删除数据库用户。

如图 5-14 所示，打开企业管理器，展开 SP 数据库节点后，单击"用户"选项，在右侧窗口中右击待删除的数据库用户，单击"删除"命令即可。

图 5-14 删除数据库用户

(2) 使用 T-SQL 语句删除数据库用户。

语法为：

sp_dropuser 数据库用户名

【例】 删除 SP 的数据库用户 U2。执行代码：

sp_dropuser U2

注意：当前数据库为 SP。

7．创建数据库角色

在 SQL Server 2000 中，创建数据库角色有两种方法：

(1) 使用企业管理器创建数据库角色。

① 如图 5-15 所示，打开企业管理器，展开 SP 数据库节点，右击"角色"选项，单击"新建数据库角色"命令。

② 出现如图 5-16 所示对话框，在"名称"文本框中输入新建数据库角色名(本例为 R1)，为该角色添加用户后，单击"确定"按钮即完成角色创建。

(2) 使用 T-SQL 语句创建数据库角色。

语法为：

sp_addrole 数据库角色名

```
sp_addrolemember 角色名用户          //将指定用户添加到指定角色中
sp_droprolemember 角色名用户         //从指定角色中删除指定用户
```

图 5-15　执行"新建数据库角色"命令

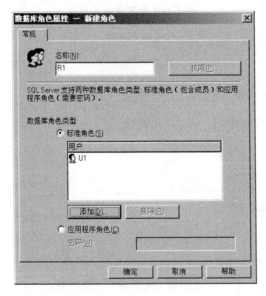

图 5-16　"新建角色"对话框

【例】　为 SP 数据库创建数据库角色 R2,将用户 U1 添加至 R2 中,再从 R2 中删除 U1。

第一步:执行代码:

```
sp_addrole R2
```

第二步：执行代码：

`sp_addrolemember R2,U1`

第三步：执行代码：

`sp_droprolemember R2,U1`

注意：当前数据库为 SP。

8. 删除数据库角色

不能删除系统提供的角色和含有成员的自定义角色，删除自定义角色前应先删除其成员。在 SQL Server 2000 中，删除数据库角色有两种方法：

(1) 利用企业管理器删除数据库角色。

如图 5-17 所示，打开企业管理器，展开 SP 数据库节点后，单击"角色"选项，在右侧窗口中右击待删除的数据库角色（本例为 R2），单击"删除"命令并确认后即可。

图 5-17　执行删除数据库角色操作

(2) 使用 T-SQL 语句删除数据库角色。

语法为：

`s0p_droprole 数据库角色名`

【例】　为 SP 数据库创建数据库角色 R3，再将其删除。

第一步：执行代码：

`s0p_addrole R3`

第二步：执行代码：

`sp_droprole R3`

9. 权限管理

SQL Server 2000 的权限管理分为语句权限管理和对象权限管理，前者是对用户或角

色执行语句的权限管理,后者是对用户或角色操作数据库对象的权限管理。在 SQL Server
2000 中,权限管理有两种方法:

(1) 利用企业管理器管理权限。

① 管理语句权限。

打开企业管理器,展开"数据库"节点,右击 SP 数据库,单击"属性"命令后打开 SP 属性
窗口,单击"权限"标签,显示如图 5-18 所示对话框。在此窗口可以设置数据库用户或角色
的语句权限,设置完毕后,单击"确定"按钮即可。

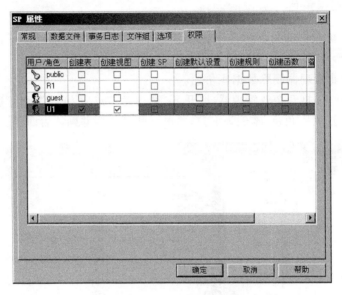

图 5-18   SP 属性-权限对话框

② 管理对象权限。

第一步:如图 5-19 所示,打开企业管理器,展开 SP 数据库节点后,单击"用户"或"角
色"选项(本例为用户),在右侧窗口中右击要管理权限的用户(本例为 U1)。

图 5-19   执行数据库用户的属性设置操作

第二步:单击"属性"命令,出现如图 5-20 所示对话框,单击"权限"按钮。

第三步:出现如图 5-21 所示对话框,从中可以设置数据库用户的对象权限。若单击
"列"按钮,则可以设置指定列的操作权限。全部设置完成后单击"确定"按钮,即可完成数据

库用户的对象权限设置。

图 5-20 "数据库用户属性"对话框

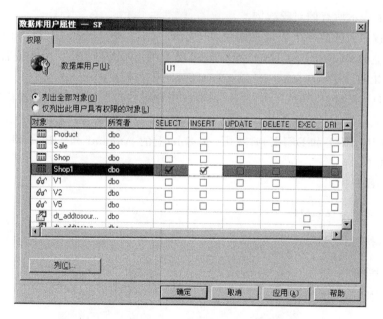

图 5-21 数据库用户的对象权限设置对话框

（2）使用 T-SQL 语句管理权限。

① 语句权限授权。

语法为：

GRANT {ALL|语句权限列表} TO PUBLIC|用户列表

【说明】

- ALL：表示所有的语句权限。
- 语句权限：包括 CREATE DEFAULT、CREATE PROCEDURE、CREATE FUNCTION、CREATE RULE、CREATE TABLE、CREATE VIEW、DUMP DATABASE 和 DUMP TRANSACTION 等。
- PUBLIC：表示所有用户。

【例】 将 SP 数据库上 CREATE TABLE、CREATE VIEW 的权限授予 SP 数据库用户 U1。

执行代码：

```
grant create table,create view to U1
```

注意：当前数据库为 SP。

② 对象权限授权。

语法为：

```
GRANT ALL|对象权限列表 ON 表名|视图名|存储过程名
TO PUBLIC|用户列表 [WITH GRANT OPTION]
```

【说明】

- ALL：表示所有的对象权限。
- 对象权限：包括一个表或视图上的 SELECT、INSERT、DELETE 和 UPDATE、一个表上的 REFERENCES、一个存储过程上的 EXECUTE、一个表或视图上指定列的 SELECT 和 UPDATE。
- WITH GRANT OPTION：表示被授权用户可以将所授权限授给其他用户。

【例】 将表 Shop 上的全部权限授予全部用户，将视图 V1 上的 SELECT 权限、表 Product 上的 INSERT 和 DELETE 权限、表 Sale 上的 Amount 列 UPDATE 权限授予 SP 数据库用户 U1。

第一步：执行代码：

```
grant all on shop to public
```

第二步：执行代码：

```
grant select on V1 to U1
```

第三步：执行代码：

```
grant insert,delete on Product to U1
```

第四步：执行代码：

```
grant update(Amount) on Sale to U1
```

注意：上述操作时当前数据库为 SP。

③ 语句权限回收。

语法为：

REVOKE ALL|权限列表 FROM PUBLIC|用户列表

④ 语句权限回收。

语法为：

REVOKE ALL|对象权限列表 ON 表名|视图名|存储过程名
FROM PUBLIC|用户列表 [CASCADE]

【说明】 CASCADE 表示级联回收。

【例】 收回 SP 数据库用户 U1 的 CREATE TABLE 权限，收回所有用户对表 Shop 上的修改权限。

第一步：执行代码：

revoke create table from U1

第二步：执行代码：

revoke update on Shop from public

注意：上述操作时当前数据库为 SP。

10．实施约束

在 SQL Server 2000 中，实施约束有两种方法：

（1）使用企业管理器实施约束。

【例】 为 Shop 表实施约束：ShopAddress 列上创建默认值为上海的默认约束，ShopName 列上创建其值必须是上海、北京或南京之一的检查约束。

① 参见实验二，打开如图 5-22 所示的 Shop 表的设计表窗口，单击 ShopAddress 列，在下方"列"选项卡的"默认值"处输入"'上海'"即可。

图 5-22　Shop 表的设计表窗口

② 右击该窗口的空白处,单击"CHECK 约束"命令,出现如图 5-23 所示对话框。

③ 单击"新建"按钮,出现如图 5-24 所示对话框,系统给出了默认约束名,在约束表达式中输入 ShopAddress in('上海','北京','南京'),单击"关闭"按钮,检查约束创建完毕。

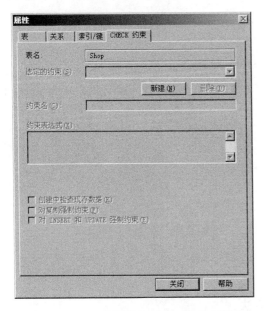

图 5-23　Shop 表属性-CHECK 约束对话框

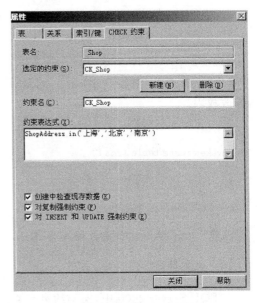

图 5-24　设置检查约束对话框

创建列上唯一约束(即列上唯一索引)、主键约束、外键约束的方法参见实验二。

(2) 使用 T-SQL 语句实施约束。

操作前提:删除 Shop1 表后,使用下述两条 T-SQL 语句创建两张表。

```
create table Shop1
    (ShopNo char(3) not null,ShopName char(10),ShopAddress char(20))
create table Sale1
    (ShopNo char(3),ProNo char(3),Amount int)
```

【例】　为 Shop1 表的 ShopAddress 列创建默认约束,默认值为上海。

执行代码:

```
alter table Shop1
add constraint c1 Default '上海' for ShopAddress
```

【例】　为 Shop1 表的 ShopAddress 列创建检查约束,其值必须是上海、北京或南京之一。

执行代码:

```
alter table Shop1
add constraint c2 check(ShopAddress in ('上海','北京','南京'))
```

【例】　为 Shop1 表的 ShopName 列创建唯一约束。

执行代码:

```
alter table Shop1
```

```
add constraint c3 unique nonclustered(ShopName)
```

【例】 为 Shop1 表的 ShopName 列创建非空约束。
执行代码：

```
alter table Shop1
add constraint c4 check(ShopName is not null)
```

【例】 为 Shop1 表的 ShopNo 列创建主键约束。
执行代码：

```
alter table Shop1
add constraint p_key primary key nonclustered(ShopNo)
```

【例】 为 Sale1 表的 ShopNo 列创建外键约束，该外键参照 Shop1 表的主键 ShopNo。
执行代码：

```
alter table Sale1
add constraint f_key foreign key(ShopNo) references Shop1(ShopNo)
```

11. 实施规则

列上的规则也称为列的值域。在 SQL Server 2000 中，实施规则有两种方法：
(1) 利用企业管理器实施规则。

【例】 为 Product 表的 ProPrice 列创建值在 10～10000 之间的规则，然后删除该规则。

① 打开企业管理器，展开 SP 数据库节点，右击"规则"选项，单击"新建规则"命令，显示如图 5-25 所示文本框，在"名称"文本框中输入 Rule1，在"文本"列表框中输入：@ProPrice between 10 and 10000 后，单击"确定"按钮即可完成规则创建。

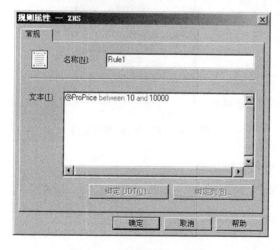

图 5-25 "规则属性"对话框

② 右击规则 Rule1，单击"属性"命令后打开"规则属性"窗口，单击"绑定列"按钮，出现如图 5-26 所示对话框，在表中选择 Product，将 ProPrice 列添加至绑定列中，单击"确定"按钮后完成规则的绑定。

图 5-26 "将规则绑定到列"对话框

③ 删除规则前应先解除该规则绑定的所有对象。在如图 5-26 所示对话框中，将 ProPrice 列从绑定列中删除，单击"确定"按钮后，如图 5-27 所示，右击待删除的规则 Rule1，单击"删除"命令并确认后即可删除规则。

图 5-27 执行删除规则操作

（2）使用 T-SQL 语句实施规则。

① 创建规则：语法为

`create rule 规则名 as …`

② 绑定规则：语法为：

`sp_bindrule 规则名,'表名.列名'`

③ 解除绑定：语法为：

`sp_unbindrule '表名.列名'`

④ 删除规则：语法为：

drop rule 规则名

【例】 为 Shop 表的 ShopNo 列创建值在 s01～s10 之间的规则，然后删除该规则。
第一步：执行代码：

create rule Rule2 as @ShopNo between 's01' and 's10'

第二步：执行代码：

sp_bindrule Rule2,'Shop.ShopNo'

第三步：执行代码：

sp_unbindrule 'Shop.ShopNo'

第四步：执行代码：

drop rule Rule2

12. 使用 T-SQL 语句实施触发器

（1）创建触发器。
语法为：

```
CREATE TRIGGER 触发器名 ON 表名|视图名
FOR|AFTER|INSTEAD OF INSERT,DELETE,UPDATE
AS 触发动作体
```

【说明】
- 表名|视图名：指定执行触发器的表或视图，也称为触发器表或触发器视图。触发器分为 AFTER 和 INSTEAD OF 两类，触发事件可以是一条 INSERT、DELETE 或 UPDATE 语句，也可以是它们的组合。触发器执行时生成两个虚表：inserted 为 insert 或 update 之后所影响记录形成的表，deleted 为 delete 或 update 之前所影响记录形成的表。
- AFTER 触发器：只用于表，触发器的激活是在完整性约束检查之后，若 INSERT、DELETE 或 UPDATE 语句违反了完整性约束，则不激活触发器。只有 FOR 关键字时默认为 AFTER 触发器，每条 INSERT 或 UPDATE 或 DELETE 语句可以定义多个 AFTER 触发器，使用 sp_settriggerorder '触发器名','First|Last|None','Insert|Update|Delete'可以指定触发顺序。
- INSTEAD OF 触发器：用于表或不带 WITH CHECK OPTION 的视图，该类触发器的激活是在完整性约束检查之前，每条 INSERT、UPDATE 或 DELETE 语句都只有一个 INSTEAD OF 触发器。
- 触发动作体：可以是一个 T-SQL 块或对存储过程的调用。

【例】 创建一个 AFTER 触发器，为 Product 表定义完整性规则"所有商品的价格不得低于 100；若低于 100，则自动改为 100"。执行代码及结果如图 5-28 所示。

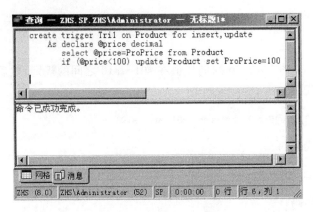

图 5-28　创建触发器

（2）删除触发器。

语法为：

DROP TRIGGER 触发器名

【例】　删除触发器 Tri1。执行代码及结果如图 5-29 所示。

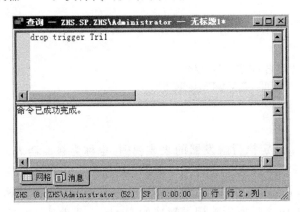

图 5-29　删除触发器

四、实验练习

完成下列各题，并基于练习内容撰写实验报告。

1. 利用企业管理器，创建登录用户 U1、U2，并使其成为 XSCJ 数据库的用户。

2. 使用 T-SQL 语句，进行下列安全性设置操作：

（1）将修改学生学号和查询 Student 表的权限授给所有用户。

（2）将查询 SC 表的权限授予 U1，允许 U1 将此权限授予其他用户。

（3）将所有用户查询 Student 表的权限收回。

（4）将用户 U1 查询 SC 表的权限收回。

（5）创建 XSCJ 数据库的用户 U3。

（6）创建具有查询和插入 SC 表权限的角色 R1，并向角色 R1 添加用户 U1。

3. 使用 T-SQL 语句,进行下列完整性设置操作:

(1) 创建 SC1 表,显式说明参照完整性的违约处理。

(2) 创建 Stu1 表,要求 Ssex 只允许取"男"或"女"。

(3) 创建 Stu2 表,要求男生的名字不能以"本"字打头。

(4) 创建 Stu3 表,要求学号在 9000～9999 之间,姓名不能为空,性别只能取"男"或"女",年龄小于 30。

(5) 修改 Stu3 表的约束条件,要求学号改为在 90000～99999 之间,年龄由小于 30 改为小于 40。

(6) 创建一个性别域 SexDom,并将性别域 SexDom 绑定在 Student 表的性别字段上。

(7) 为 Student 表创建一个 INSERT 和 UPDATE 事件的 AFTER 触发器,定义完整性规则"插入或更新的 CS 系学生年龄不得低于 21,若低于 21,自动改为 21"。

(8) 为 Student 表创建 INSERT 事件的两个 AFTER 触发器,触发体分别显示"学生人数变化了"、"新增了一个学生"。

实验 六 ESQL、SP与ODBC编程

【基本原理】

在查询分析器中,SQL 语句是作为独立语言从键盘上输入并与系统交互,这种方式称为交互式 SQL。若将 SQL 语句嵌入到高级语言(也称主语言)中,则可以利用主语言的流程控制能力来实现复杂的应用,这种方式称为 ESQL。

ESQL 中的 SQL 语句用来存取数据库,并通过 SQLCA 向主语言传递执行状态;主语言语句用来控制流程,并通过主变量对 SQL 语句取出的数据进行处理。由于 SQL 是面向集合的,而主语言是面向记录的,所以 ESQL 中可能需要游标来协调这两种不同的处理方式。游标是系统为用户开设的一个数据缓冲区,用来存放 SQL 语句的执行结果,每个游标都有一个名字,游标的使用包括说明、打开、推进和关闭等步骤。当 SQL 语句是说明语句、数据定义语句、数据控制语句、查询结果为单记录的 SELECT 语句、非 CURRENT 形式的增删改语句时,ESQL 可以不使用游标;当 SQL 语句是查询结果为多条记录的 SELECT 语句、CURRENT 形式的 UPDATE 和 DELETE 语句时,ESQL 必须使用游标。

ESQL 程序的处理过程分为两步:首先由 DBMS 的预处理程序扫描 ESQL 程序,识别出 SQL 语句,并将其转换成主语言调用语句;然后由主语言的编译程序将纯的主语言程序编译成目标代码。

SP 即用户自定义过程,一经定义并编译后将存储在数据库服务器中,用户需要时可以像对系统提供的标准过程一样进行调用。存储过程提供了在服务器端快速执行 SQL 语句的有效途径,降低了客户机和服务器之间的通信量。开发应用系统时,若将业务逻辑定义成存储过程,在业务逻辑发生变化时只需修改存储过程,而不必修改应用系统。

ODBC 即开放数据库互连,它建立了一组规范,并提供了一组访问数据库的标准应用程序接口。ODBC 编程可以使得用户在开发数据库应用系统时,不必关心底层 DBMS 的具体细节,保证了应用系统与数据库平台的独立性。

ODBC 的体系结构如图 6-1 所示。

其中,应用程序提供了用户界面和应用逻辑,使用了 API 调用接口;驱动程序管理器用来管理各种驱动程序和数据源;驱动程序保证了应用系统与数据库平台的独立性;数据源定义了用户最终访问的数据。

ODBC 编程步骤如下:

(1) 配置数据源。

(2) 分配环境句柄以初始化环境。

(3) 分配连接句柄以建立与数据源的连接。

(4) 分配语句句柄。

(5) 执行 SQL 语句。

(6) 结果集处理。

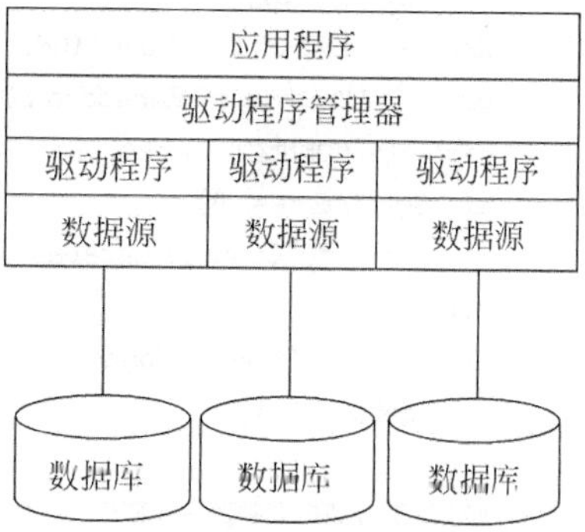

(7) 终止处理:释放语句句柄、断开与数据源的连接、释放连接句柄和环境句柄。

图 6-1 ODBC 的体系结构

一、实验目的

1. 掌握 ESQL 的编程方法。

2. 掌握 SP 的创建、调用与删除方法。

3. 掌握 ODBC 的编程方法。

二、实验环境

Windows 8 + SQL Server 2000 + VC 6.0

三、实验内容

1. ESQL 编程

【例】 编程实现:输出每个商店的商店名和地址。

在实验一安装 SQL Server 2000 时,选择了组件"头和库",其目的是为 ESQL 程序提供相应的接口。ESQL 编程的步骤如下:

(1) 编写 ESQL 程序。

利用记事本或其他文本编辑器编写 ESQL 程序,保存后文件的扩展名为.sqc。本例 ESQL 程序的文件名为 esql1.sqc,存放路径为 E:\zhs\esql,代码如下:

```
# include <stdio.h>
# include <stdlib.h>
EXEC SQL INCLUDE sqlca;
int main()
{ EXEC SQL BEGIN DECLARE SECTION;
    char ShopName[10];              //主变量
    char ShopAddress[20];          //主变量
```

```
        short ind1;                           //指示变量
    EXEC SQL END DECLARE SECTION;
    printf("This is my Embedded SQL for C application\n");
    EXEC SQL CONNECT TO zhs.SP;               //连接到数据库
    if (SQLCODE == 0)
        printf("Connect database successfully\n");
    else
      { printf("ERROR: Connect database unsuccessfully\n");
        return (1);
      }
    EXEC SQL WHENEVER SQLERROR GOTO error;
    EXEC SQL WHENEVER NOT FOUND GOTO done;
    EXEC SQL declare c1 cursor for select ShopName,ShopAddress from Shop;
    EXEC SQL OPEN c1;
    for ( ; ; )
    { EXEC SQL FETCH c1 INTO :ShopName, :ShopAddress:ind1;
        printf ("ShopName: % s ",ShopName);
        if (ind1 < 0)
            printf ("ShopAddress:NULL\n");
        else
            printf ("ShopAddress: % s\n",ShopAddress);
    }
    error:
    printf ("SQL Error % d\n",sqlca - > sqlcode);
    done:
    EXEC SQL WHENEVER SQLERROR continue;
    EXEC SQL CLOSE c1;
    EXEC SQL COMMIT WORK;
    EXEC SQL DISCONNECT ALL;
    return 0;
}
```

(2) VC 6.0 的环境设置。

右击 Windows 8 左下角的"开始"图标,选择"运行"命令,在打开的"运行"对话框中输入 cmd,进入如图 6-2 所示的 DOS 模式。

图 6-2　进入 DOS 模式

然后,将当前盘符切换至 D 盘,当前目录切换至 Microsoft Visual Studio\VC98\Bin(因本机 Microsoft Visual Studio 6.0 的安装路径为 D:\Microsoft Visual Studio),运行 Vcvars32 批处理文件,如图 6-3 所示,即完成 VC 6.0 的环境设置。

(3) ESQL 程序的预处理。

在 DOS 模式下,将当前目录切换至 D:\Microsoft SQL Server\MSSQL\Binn(因本机

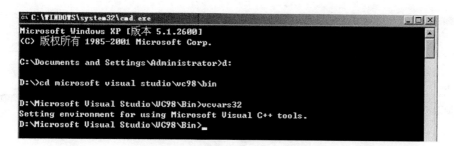

图 6-3　初始化 VC 6.0 编译环境

SQL Server 2000 的安装路径为 D:\Microsoft SQL Server)。ESQL 预处理命令的格式为：

nsqlprep 带路径的 ESQL 程序名

预处理后将在同一目录中生成同名的 C 源程序(扩展名为.c)。本例 ESQL 程序预处理如图 6-4 所示。

图 6-4　ESQL 程序的预处理

(4) 编译 C 源程序。

退出 DOS 模式,并将两个动态链接库 sqlaiw32.dll、sqlakw32.dll(本机这两个文件的存储路径为 D:\Microsoft SQL Server\MSSQL\Binn)复制到本机操作系统(Windows XP)安装目录下的子目录 system32 中,然后使用 VC 6.0 打开上述预处理后得到的 C 源程序进行编译。编译前需做如下准备：

① 在 VC 6.0 中依次单击"工具"→"选项"→"目录"→Include files 选项,添加包含文件路径 C:\Program Files\Microsoft SQL Server\80\Tools\Devtools\Include,如图 6-5 所示。

② 在 VC 6.0 中依次单击"工具"→"选项"→"目录"→Library files 选项,添加库文件路径 C:\Program Files\Microsoft SQL Server\80\Tools\Devtools\Lib,如图 6-6 所示。

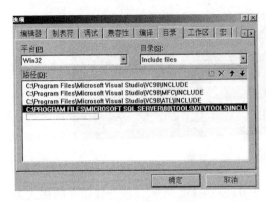

图 6-5 添加包含文件路径

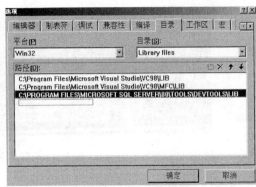

图 6-6 添加库文件路径

③ 按 Ctrl＋F7 键编译后，依次单击"工程"→"设置"→"连接"→"对象/库模块"选项，添加两个库文件：sqlakw32.lib 和 caw32.lib，如图 6-7 所示。

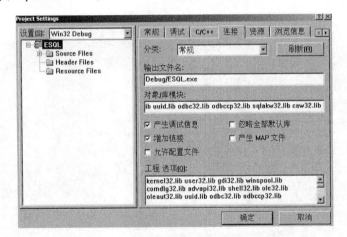

图 6-7 添加库文件

（5）运行。

按 Ctrl＋F5 键后，运行结果如图 6-8 所示。

【例】 编程实现：从键盘输入商品号，输出其商品名及商品价格。

方法同上例，本例 ESQL 程序（E：\zhs\esql\esql2.sqc)的代码如下，运行结果见图 6-9。

图 6-8 ESQL1 的运行结果

```
# include < stdio.h >
# include < stdlib.h >
EXEC SQL INCLUDE sqlca;
int main()
{ EXEC SQL BEGIN DECLARE SECTION;
      char ProNo[4];                    //主变量,其宽度比表中的 ProNo 多 1
      char ProName[10];
      float ProPrice;
  EXEC SQL END DECLARE SECTION;
```

```
    printf("This is my Embedded SQL for C application\n");
    EXEC SQL CONNECT TO zhs.SP;
    if (SQLCODE == 0)
        printf("Connect database successfully\n");
    else
    {    printf("Connect database unsuccessfully\n");
         return (1);
    }
    printf("Please input the ProNo:");
    scanf("%o",ProNo);
    EXEC SQL WHENEVER NOT FOUND GOTO done;
    EXEC SQL select ProName,ProPrice into :ProName,:ProPrice
            from Product where ProNo = :ProNo;
    printf ("\nProName:%s ",ProName);
    printf ("ProPrice:%f\n ",ProPrice);
    EXEC SQL COMMIT WORK;
    EXEC SQL DISCONNECT ALL;
    return 0;
    done:
    printf ("Can not found the product!\n");
    EXEC SQL COMMIT WORK;
    EXEC SQL DISCONNECT ALL;
    return 0;
}
```

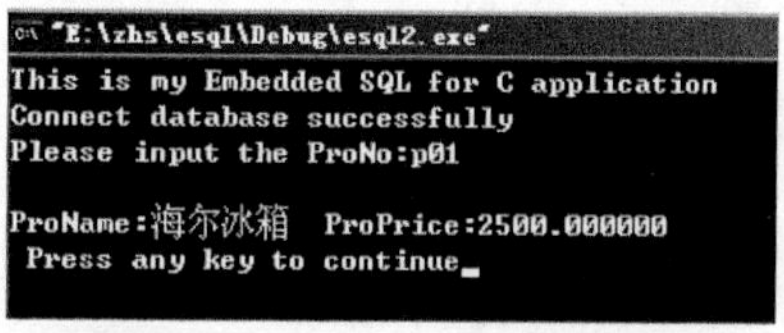

图 6-9   ESQL2 的运行结果

【例】   编程实现,输出各商店的商店号、商店名及其销售的商品名和数量。

方法同上例,本例 ESQL 程序(E:\zhs\esql\esql3.sqc)的代码如下,运行结果见图 6-10。

```
#include < stdio.h >
#include < stdlib.h >
EXEC SQL INCLUDE sqlca;
int main()
{ EXEC SQL BEGIN DECLARE SECTION;
      char ShopNo[3];
      char ShopName[10];
      char ProName[10];
      int Amount;
  EXEC SQL END DECLARE SECTION;
  printf("This is my Embedded SQL for C application\n");
  EXEC SQL CONNECT TO zhs.SP;
  if (SQLCODE == 0)
      printf("Connect database successfully\n");
  else
    { printf("Connect database unsuccessfully\n");
     return (1);
    }
  EXEC SQL WHENEVER SQLERROR GOTO error;
  EXEC SQL WHENEVER NOT FOUND GOTO done;
  EXEC SQL declare c1 cursor for
      select z.ShopNo,ShopName,ProName,amount from Shop x,Product y,Sale z
      where x.ShopNo = z.ShopNo and y.ProNo = z.ProNo;
```

```
EXEC SQL OPEN c1;
printf ("ShopNo ShopName ProName Amount\n");
for ( ; ; )
{ EXEC SQL FETCH c1 INTO :ShopNo, :ShopName, :ProName, :Amount;
    printf (" % s % s  % 10.20s  % d\n",ShopNo,ShopName,ProName,Amount);
}
error:
printf ("SQL Error % d\n",sqlca - > sqlcode);
done:
EXEC SQL WHENEVER SQLERROR continue;
EXEC SQL CLOSE c1;
EXEC SQL COMMIT WORK;
EXEC SQL DISCONNECT ALL;
return 0;
}
```

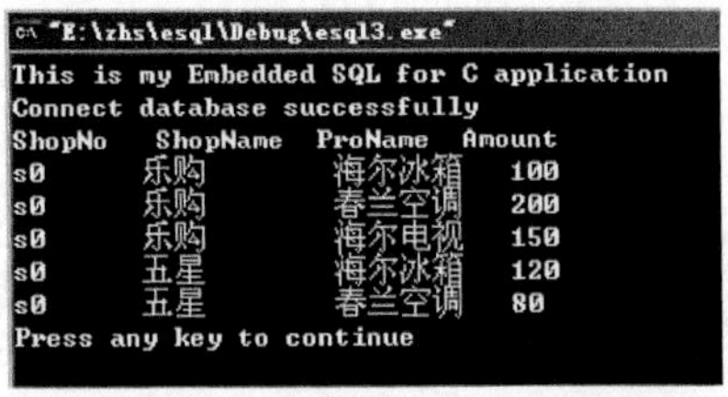

图 6-10　ESQL3 的运行结果

2. SP 的使用

（1）创建 SP。

语法为：

CREATE PROCEDURE SP 名([参数列表]) AS PL/SQL 块

【例】　为 SP 数据库编写一个存储过程 p1,能够分别统计各商店的平均销售量、各商品的平均销售量。执行代码及结果如图 6-11 所示。

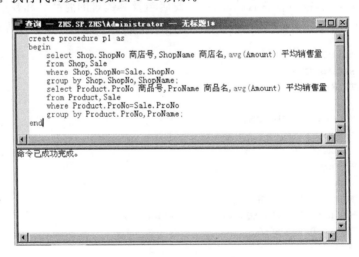

图 6-11　创建存储过程

注意：当前数据库为 SP。

（2）调用 SP。

语法为：

SP 名[参数列表]

【例】　调用上例存储过程 p1。执行代码及结果如图 6-12 所示。

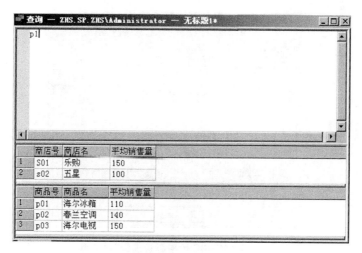

图 6-12　调用存储过程

注意：当前数据库为 SP。

（3）删除 SP。

语法为：

drop procedure p1

【**例**】　删除上例存储过程 p1。执行代码及结果如图 6-13 所示。

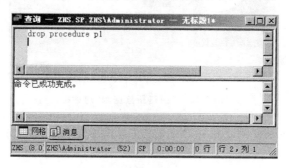

图 6-13　删除存储过程

注意：当前数据库为 SP。

3．ODBC 编程

【**例**】　基于 ODBC 编程访问 SP 数据库，输出各商店的商店名及地址。

具体步骤如下：

（1）建立数据源。

① 依次单击"开始"→"控制面板"→"性能和维护"→"管理工具"选项，双击"数据源"选项，出现如图 6-14 所示对话框。

② 单击"系统 DSN"标签，在打开的窗口中单击"添加"按钮，出现如图 6-15 所示对话框，选中 SQL Server 选项，单击"完成"按钮。

图 6-14　"ODBC 数据源管理器"对话框

图 6-15　"创建新数据源"对话框

③ 出现如图 6-16 所示对话框,在"名称"文本框中输入 SP,在"服务器"列表框中选择
"(local)",单击"下一步"按钮。

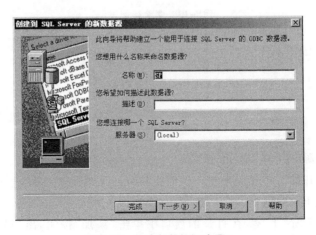

图 6-16　创建新数据源步骤 1

④ 出现如图 6-17 所示对话框,单击"下一步"按钮。

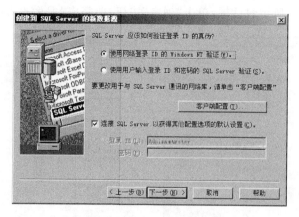

图 6-17 创建新数据源步骤 2

⑤ 出现如图 6-18 所示对话框,选中"更改默认的数据库为"复选框,从下拉列表中选择 SP,单击"下一步"按钮。

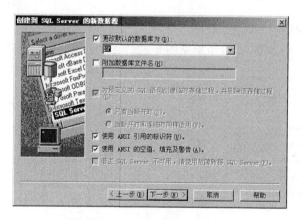

图 6-18 创建新数据源步骤 3

⑥ 出现如图 6-19 所示对话框,单击"完成"按钮。

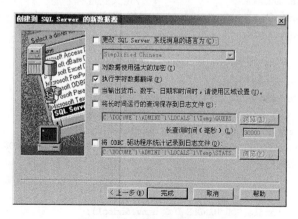

图 6-19 创建新数据源步骤 4

⑦ 出现如图 6-20 所示对话框,单击"测试数据源"按钮。

⑧ 出现如图 6-21 所示对话框,单击"确定"按钮,即完成 SP 数据源的创建。

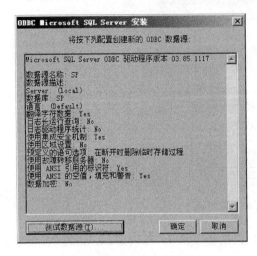

图 6-20　ODBC 安装窗口

图 6-21　数据源测试对话框

(2) 编写 C 源程序,并编译运行。

本例源程序的代码如下,运行结果见图 6-22。

```
# include < stdio. h >
# include < iostream. h >
# include < string. h >
# include < windows. h >
# include < sql. h >
# include < sqlext. h >
# include < odbcss. h >
# define MaxNameLen 8
int main()
{ SQLHENV henv;                              //定义环境句柄
  SQLHDBC hdbc1;                             //定义连接句柄
  SQLHSTMT hstmt1;                           //定义语句句柄
  SQLCHAR ShopName[MaxNameLen];              //定义变量
  SQLCHAR ShopAddress[MaxNameLen];           //定义变量
  SQLINTEGER columnLen = 0;
  RETCODE retcode;                           //错误返回码

  //allocate an Environment handle
  retcode = SQLAllocHandle(SQL_HANDLE_ENV, NULL, &henv);
  if(retcode < 0)                            //错误处理
  { printf("allocate ODBC Environment handle errors.");
     return - 1; } retcode = SQLSetEnvAttr( henv, SQL_ATTR_ODBC_VERSION, (SQLPOINTER)SQL_OV_
ODBC3, SQL_IS_INTEGER);

  //allocate a connection handle
  retcode = SQLAllocHandle(SQL_HANDLE_DBC, henv, &hdbc1);
  if(retcode < 0)                            //错误处理
```

```
    { printf("allocate ODBC connection handle errors.");
      return −1; }


    //connect to the Data Source retcode = SQLConnect(hdbc1,(SQLCHAR * )"sp",SQL_NTS,(SQLCHAR * )
  "sa",SQL_NTS,(SQLCHAR * )"zhs",SQL_NTS);
      if(retcode<0)                          //错误处理
      { printf("connect to ODBC datasource errors.");
        return −1; }


      //allocate a statement handle
      retcode = SQLAllocHandle(SQL_HANDLE_STMT,hdbc1,&hstmt1);
      if(retcode<0)                          //错误处理
      { printf("allocate ODBC statement handle errors.");
        return −1; }


      //Execute an SQL statement directly
      retcode = SQLExecDirect(hstmt1,(SQLCHAR * )"select ShopName,ShopAddress from shop",SQL_NTS);
      if(retcode<0)
      { printf("Executing statement throught ODBC errors.");
        return −1; }
      while(1)
      { retcode = SQLFetch(hstmt1);
        if(retcode == SQL_NO_DATA) break;
        retcode = SQLGetData(hstmt1,1,SQL_C_CHAR,ShopName,MaxNameLen,&columnLen);
      retcode = SQLGetData(hstmt1,2,SQL_C_CHAR,ShopAddress,MaxNameLen,&columnLen);
        if(columnLen > 0)
            printf("ShopName = % s ShopAddress = % s\n",ShopName,ShopAddress);
        else
            printf("ShopName = % s ShopAddress = NULL\n", ShopName, ShopAddress); }


      / * Clean up * /
      SQLFreeHandle(SQL_HANDLE_STMT,hstmt1);
      SQLDisconnect(hdbc1);
      SQLFreeHandle(SQL_HANDLE_DBC,hdbc1);
      SQLFreeHandle(SQL_HANDLE_ENV,henv);
      return(0);
  }
```

图 6-22　ODBC 程序的运行结果

四、实验练习

完成下列各题,并基于练习内容撰写实验报告。

1. ESQL 编程:检索每个学生的姓名和系名。

2. ESQL 编程:检索指定学号的学生姓名和系名。

3. ESQL 编程:检索每个学生的学号、姓名、选修课程名及成绩。

4. SP 编程:基于选修某门课程各学生的平时成绩和期末成绩,统计每个学生的总评成绩及期末成绩、总评成绩在各分数段(90~100、80~89、70~79、60~69、0~59)上的比例。

5. ODBC 编程:检索每个学生的学号、姓名、选修课程名及成绩。

实验 七　数据库的恢复与并发控制

【基本原理】

事务是用户对数据库的一个操作序列,是数据库恢复和并发控制的基本单位。在 SQL Server 2000 中,显式定义一个事务的语法为:

```
begin tran
    事件序列
commit tran|rollback tran
```

其中,begin tran、commit tran、rollback tran 分别表示事务的开始、提交和回滚(撤销)。

引起数据库故障的原因有三类:事务故障、系统故障和介质故障。数据库恢复就是将数据库从故障状态恢复到正确状态的过程,事务故障和系统故障下的恢复可由系统自动完成,而介质故障下的恢复必须人工干预,恢复的关键问题就是如何创建冗余数据(数据库备份和日志文件)以及如何利用这些冗余数据来实现数据库的恢复。SQL Server 2000 提供了备份数据库与还原数据库两个恢复技术。其中,数据库备份分为完全备份、差异备份、事务日志文件备份、文件及文件组备份四种形式,数据库还原时要求登录用户必须具有 sysadmin 和 dbcreate 角色。

并发操作是指多个用户同时对某个数据库对象进行的操作,若对并发操作控制得不合理,则可能引起丢失修改、不可重复读和读脏数据问题。SQL Server 2000 通过以下两种方式来实现并发控制:

1. 施加封锁

SQL Server 2000 提供了三种封锁级别(封锁的对象可以是表或记录)。

(1) 共享封锁:为读操作而设置的封锁,目的是保证读数据时其他用户不能修改该数据。

(2) 更新封锁:为修改(而不是插入、删除)操作而设置的封锁,目的是防止其他用户在同一时刻修改同一记录。已实施更新封锁的记录,拒绝来自其他用户的更新封锁或独占封锁。

(3) 独占封锁(或排他封锁):为插入、删除或修改操作而设置的最严格封锁。已实施独占封锁的表,拒绝来自其他用户的任何封锁,但不拒绝其他用户的读操作。

SQL Server 2000 的封锁操作是在 SELECT、INSERT、UPDATE、DELETE 语句的 WITH 子句中完成的,封锁关键词有:

(1) TABLOCK——对表施加共享封锁,事务在读完数据后立即释放共享封锁,可以避免读脏数据,但可能引起不可重复读问题。

(2) HOLDLOCK——与 TABLOCK 一起使用,但事务在提交或撤销时才释放共享封锁,可以保证数据叫重复读。

(3) NOLOCK——对表不施加任何封锁,仅用于 SELECT 语句,会引起读脏数据问题。

(4) TABLOCKX——对表施加排他封锁,事务在提交或撤销时释放排他封锁。

(5) UPDLOCK——对表中指定记录施加更新封锁,其他事务可对表中的其他记录也施加更新封锁,但不能对表施加任何锁,事务在提交或撤销时释放更新封锁。

2. 设置隔离级别

SQL Server 2000 提供了标准 SQL 所支持的四种隔离级别。

(1) READ UNCOMMITED:未提交读,最低级别,读数据时不会检查或使用任何锁,因此可能读到未提交的数据。

(2) READ COMMITED:已提交读,默认级别,只读已提交的数据并等待其他事务释放排他锁,所读数据的共享锁在读操作完成后立即释放。该级别保证不读脏数据。

(3) REPEATABLE READ:可重复读,像已提交读级别一样读数据,但会保持共享锁直到事务结束。该级别保证读一致性和不丢失修改。

(4) SERIALIZABLE:可串行化,最高级别。

设置隔离级别的语法为:

```
SET TRANSACTION ISOLATION LEVEL
[READ COMMITED|READ UNCOMMITED|REPEATABLE READ|SERIALIZABLE]
```

一、实验目的

1. 理解事务的概念。
2. 掌握数据库的恢复技术。
3. 掌握数据库的并发控制技术。

二、实验环境

Windows 8 + SQL Server 2000。

三、实验内容

1. 备份数据库

本实验将进行数据库的完全备份。在 SQL Server 2000 中,备份数据库有两种方法:

（1）利用企业管理器备份数据库。

① 如图7-1所示，打开企业管理器，展开"数据库"节点，右击需要备份的数据库（本例为SP），单击"所有任务"→"备份数据库"命令。

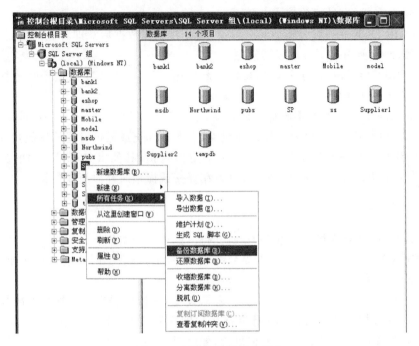

图7-1　执行备份数据库操作

② 出现如图7-2所示对话框，在"备份"选项组中选择"数据库-完全"单选按钮，单击"添加"按钮。

③ 出现如图7-3所示对话框，在"文件名"编辑框中选择备份的目录并输入备份文件名（本例为SP_backup1）后，单击"确定"按钮，返回"SQL Server备份-常规"窗口。

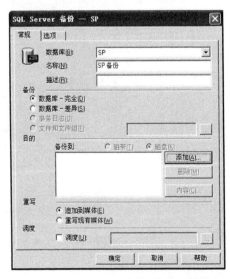

图7-2　"SQL Server备份-常规"对话框

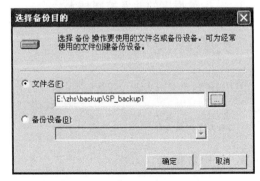

图7-3　"选择备份目的"对话框

④ 在"调度"选项组中选中"调度"复选框,出现如图 7-4 所示窗口。注意:若选中"调度"复选框,则须在 SQL Server 服务管理器中启动 SQL Server Agent 服务,否则带有调度计划的备份将失败。

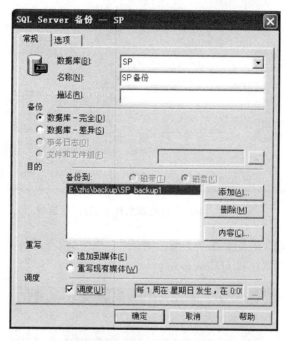

图 7-4　含调度计划的"SQL Server 备份-常规"对话框

⑤ 单击"调度"选项组中的"…"按钮,出现如图 7-5 所示对话框。

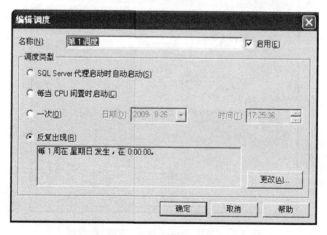

图 7-5　"编辑调度"对话框

⑥ 选择"调度类型"选项组中的"反复出现"单选按钮,单击"更改"按钮,出现如图 7-6 所示对话框。

⑦ 调度计划(每日频率为 1 分钟,只是在数据库还原部分可以提供多个备份,仅为实验所需)设置完毕后,两次单击"确定"按钮,返回 SQL Server 备份-常规对话框。

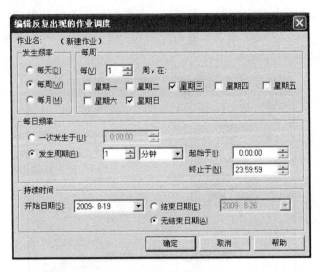

图 7-6　"编辑反复出现的作业调度"对话框

⑧ 单击"选项"标签,出现如图 7-7 所示对话框,选中"检查媒体集名称和备份集到期时间"复选框,单击"确定"按钮即可完成备份。

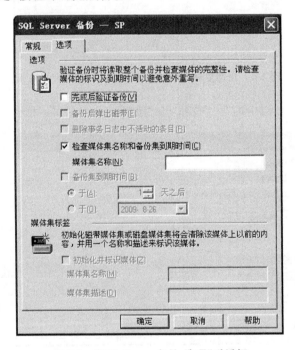

图 7-7　"SQL Server 备份-选项"对话框

备份文件创建后,可以复制到其他盘符及目录下,也可以更名。

(2) 使用 T-SQL 语句备份数据库。

语法为:

```
DUMP DATABASE 数据库名 TO DISK = '路径\备份文件名'[WITH options]
```

【说明】

- 数据库名：指定需要备份的数据库。
- 备份前要启用 SQL ServerAgent 服务。

【例】 备份 SP 数据库，备份文件为 SP_backup2，存放在 E:\zhs\backup 目录下。执行代码及结果如图 7-8 所示。

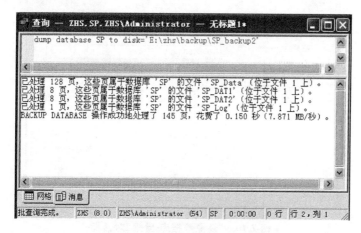

图 7-8　使用 T-SQL 语句备份数据库

2. 还原数据库

数据库发生故障（或被删除）后，可以利用该数据库的备份进行还原。在 SQL Server 2000 中，还原数据库有两种方法：

（1）利用企业管理器还原数据库。

① 如图 7-9 所示，打开企业管理器，右击"数据库"节点，单击"所有任务"→"还原数据库"命令。

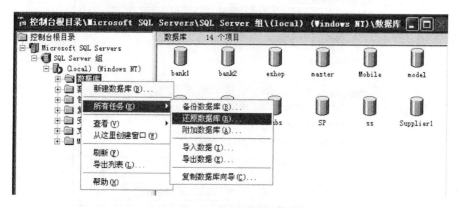

图 7-9　执行"还原数据库"操作

② 出现如图 7-10 所示对话框，在"还原为数据库"下拉列表框中输入（数据库被删除后必须输入）或选择数据库名（本例为 SP），选中"还原"选项组中的"数据库"单选按钮，若选择"文件组或文件"或"从设备"单选按钮，则按相应提示进行操作。在"参数"选项组中选择"显示数据库备份"（本例为 SP）和"要还原的第一个备份"。

图 7-10　"还原数据库-常规"对话框

③ 单击"选项"标签，出现如图 7-11 所示对话框，可以更改还原后的数据文件名和事务日志文件名，必要时可以选择"在现有数据库上强制还原"复选框，单击"确定"按钮即可完成还原。

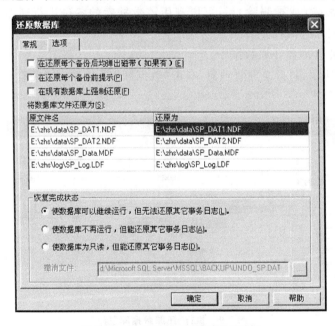

图 7-11　"还原数据库-选项"对话框

（2）使用 T-SQL 语句还原数据库。

语法为：

```
RESTORE DATABASE 数据库名 FROM DISK = '路径\备份文件名'[WITH options]
```

【例】 利用备份文件为 SP_backup2 进行还原。执行代码及结果如图 7-12 所示。

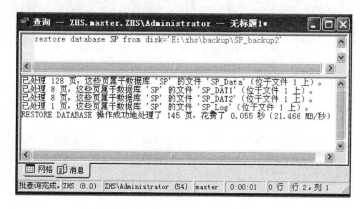

图 7-12 使用 T-SQL 语句还原数据库

注意：使用 RESTORE DATABASE 还原数据库前，必须先删除该数据库。

3. 数据库的并发控制

参见实验五，新建 SP 数据库的两个用户 zhs 和 dy，设置它们对表 Product 和 Shop 的 SELECT、UPDATE 权限，并以这两个用户连接服务器。用户 zhs、dy 分别执行事务 T1、T2。

（1）解决丢失修改问题。

① 出现丢失修改问题的一种情形。

【例】 两个事务分别将 p01 商品的价格增加 100，T1 先调度，T2 在 T1 调度 9 秒内调度。T1、T2 的执行代码及结果分别如图 7-13 和图 7-14 所示，可见 T2 提交的结果导致 T1 的修改丢失。

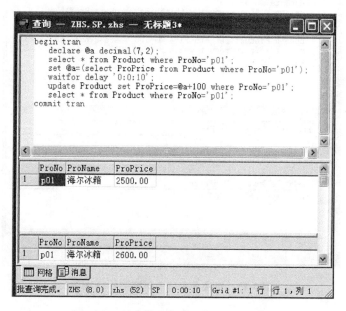

图 7-13 出现丢失修改问题——T1 事务

图 7-14   出现丢失修改问题——T2 事务

② 解决丢失修改问题的一种措施。

将 T1 中第一条 SELECT 语句的 Product 改为 Product(tablockx),T2 代码不变,调度顺序同上。T1、T2 的执行代码及结果分别如图 7-15 和图 7-16 所示,可见 T1 未丢失修改。

图 7-15   解决丢失修改问题——T1 事务

图 7-16　解决丢失修改问题——T2 事务

（2）解决不可重复读问题。

① 出现不可重复读问题的一种情形。

【例】　T2 两次读取商品 p01 的信息，T1 将商品 p01 的价格增加 100。T2 先调度，T1 在 T2 调度 9 秒内调度。T1、T2 的执行代码及结果分别如图 7-17 和图 7-18 所示，可见 T2 两次读取的结果不一致。

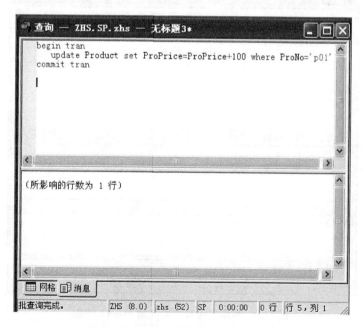

图 7-17　出现不可重复读问题——T1 事务

图 7-18　出现不可重复读问题——T2 事务

② 消除不可重复读问题的一种措施。

在 T2 前设置隔离级别为 repeatable read 或 serializable,T1 不变,调度顺序同上。T2 的执行代码及结果如图 7-19 所示,可见 T2 两次读取的结果一致。

图 7-19　解决不可重复读问题——T2 事务

（3）解决读脏数据问题。

① 出现读脏数据问题的一种情形。

【例】 T1 将商品 p01 价格增加 100 后，T2 读取商品 p01 的信息，最后 T1 回滚（即撤销对 p01 价格的改变）。T1 先调度，T2 在 T1 调度 9 秒内调度。T1、T2 的执行代码及结果分别如图 7-20 和图 7-21 所示，可见 T2 读取了 T1 更新过而随后又被撤销的数据（即过时的数据）。

图 7-20 出现读脏数据问题——T1 事务

图 7-21 出现读脏数据问题——T2 事务

② 解决读脏数据问题的一种措施。

将 T2 前的隔离级别设置为 read committed，T1 不变，调度顺序同上。T2 的执行代码及结果如图 7-22 所示，可见 T2 读取的结果与当前 Product 表中的内容一致。

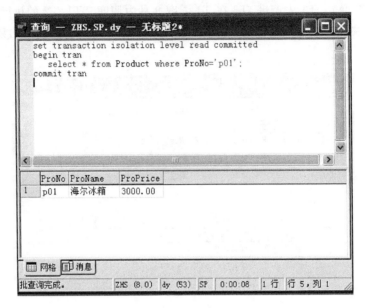

图 7-22　解决读数据问题——T2 事务

（4）出现死锁的情形。

以下两个事务串行执行时无错误，但若 T1 先调度，T2 在 T1 调度 3 秒内调度，则发生死锁。死锁发生后，T2 夭折，并释放其所有封锁，使得 T1 能够继续执行。T1、T2 的执行代码及结果分别如图 7-23 和图 7-24 所示。

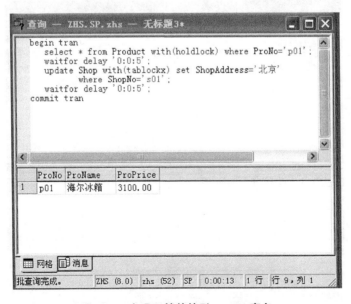

图 7-23　出现死锁的情形——T1 事务

图 7-24 出现死锁的情形——T2 事务

四、实验练习

完成下列各题,并基于练习内容撰写实验报告。

1. 利用企业管理器备份 XSCJ 数据库、删除 XSCJ 数据库、还原 XSCJ 数据库。

2. 使用 T-SQL 语句备份 XSCJ 数据库、删除 XSCJ 数据库、还原 XSCJ 数据库。

3. 基于 XSCJ 数据库,演示并发操作引发的丢失修改、不可重复读、读脏数据情形及相应的解决方法。

【基本原理】

VC 6.0 是 Microsoft 公司推出的 Windows 平台上的主流前端开发工具,其功能强大,几乎涵盖了 Windows 平台上的各种应用。VC 6.0 由一组软件包构成,包含了各种必需的组件工具,如编辑器、编译器、链接器、调试器等,并将各种开发工具组合起来,通过窗口、对话框、菜单、工具栏、快捷键、宏等构成了一个可视化的集成环境,使用户可以方便快捷地进行开发。

VC 6.0 开发数据库系统的主要特点是:

(1) 简单方便。VC 6.0 提供了 MFC 类库、ATL 模板类、AppWizard、ClassWizard 等一系列的向导工具,帮助用户快速建立应用程序,大大简化了应用程序的设计。使用这些工具,可以使用户编写较少的代码或不需要编写代码就可以开发一个数据库系统。

(2) 灵活。VC 6.0 提供的集成环境可以使用户根据自己的需求设计应用程序的界面和功能,用户可以结合应用程序的特点自由选择 VC 6.0 提供的丰富类库和方法。

(3) 访问快速。VC 6.0 提供了基于 COM 的 OLE DB 和 ADO 技术,直接对数据库的驱动程序进行访问,大大提高了访问数据库的速度。

(4) 扩展容易。VC 6.0 提供了 OLE DB 和 ActiveX 技术,使用户可以利用 VC 6.0 提供的各种组件、控件及第三方提供的组件来创建应用程序,从而实现应用程序的组件化,保证了应用程序的可扩展性。

(5) 可访问不同类型的数据源。使用 VC 6.0 提供的 OLE DB 技术,用户不仅可以访问关系型数据库,还可以访问非关系型数据库。

VC 开发数据库系统的主要技术有:

(1) ODBC API。ODBC 是数据库访问的标准接口,使用这一标准接口,可以使用户不必关心具体 DBMS 的细节,只需有相应类型的 ODBC 驱动程序就可以实现对数据库的访问。这种方法编程复杂,详细步骤参见本书实验六。

(2) MFC ODBC。直接使用 ODBC API 开发数据库系统需要编写大量的代码,所以 VC 6.0 提供了已封装了 ODBC API 的 MFC ODBC

类,如数据库类 CDatabase、记录集类 CRecordSet、可视记录集类 CRecordView 等,使用户从 ODBC API 复杂的编程中解脱出来。这种方法开发简便,尤其适合初学者。

(3) DAO。通过数据库类 CDaoDatabase、记录集类 CDaoRecordSet、可视记录集类 CDaoRecordView 等,提供了一种通过程序代码就能创建和操作数据库的机制,主要用于访问 Access 数据库。

(4) OLE DB。基于 COM 接口,使用数据提供者类 Data Provider、使用者类 Consumers、服务提供者类 Service Provider 等,即可以访问关系型/非关系型数据库。由于 OLE DB 与 ODBC API 一样,也属于数据库访问中的底层接口,编程时也需要编写大量的代码。

(5) ADO。基于 OLE DB,继承了 OLE DB 可以访问关系型和非关系型数据库的优点,并且对 OLE DB 的接口做了封装,属于数据库访问的高层接口,使数据库系统的开发得到了简化,适合初学者。

一、实验目的

1. 理解 VC 6.0 开发数据库系统的特点。
2. 掌握基于 MFC ODBC 技术的数据库系统开发方法。
3. 掌握基于 ADO 技术的数据库系统开发方法。

二、实验环境

Windows 8 ＋ SQL Server 2000 ＋ VC 6.0。

三、实验内容

1. 基于 MFC ODBC 技术的数据库系统开发

【例】　基于 MFC ODBC,开发一个商店信息管理系统。

(1) 配置数据源。

本实验使用已建数据源 SP,若无该数据源,则参见实验六新建之。

(2) 创建应用程序框架。

① 如图 8-1 所示,打开 VC 6.0,依次单击"文件"→"新建"→"工程"→MFC AppWizard [exe]选项,在"工程名称"文本框中输入工程名 Shop,在"位置"编辑框中设置存放该工程的路径 E:\zhs,单击"确定"按钮。

② 出现如图 8-2 所示对话框,在"您要创建的应用程序类型是"选项组中选中"单文档"单选按钮,单击"下一步"按钮。

③ 出现如图 8-3 所示对话框,选择"查看数据库不使用文件支持"单选按钮,单击 Data Source 按钮。

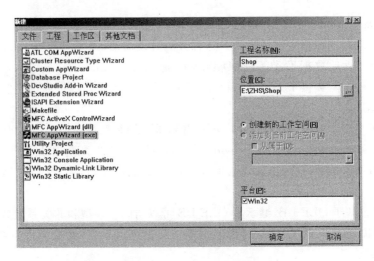

图 8-1　执行新建工程操作

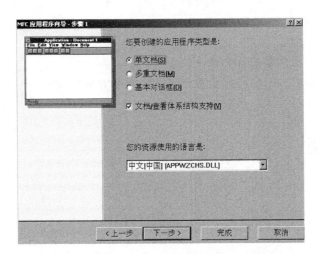

图 8-2　MFC 应用程序向导-步骤 1 对话框

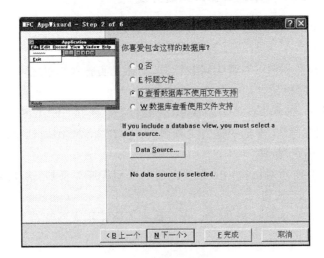

图 8-3　MFC 应用程序向导-步骤 2 对话框

④ 出现如图 8-4 所示对话框,在 Datasource 选项组中选择 ODBC 为 SP,单击 OK 按钮。

⑤ 出现如图 8-5 所示对话框,选中 dbo.Shop 选项,单击 OK 按钮。

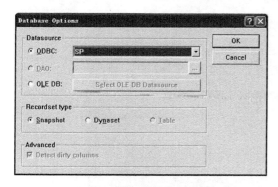

图 8-4　数据库选项对话框　　　　　　图 8-5　选择数据库表对话框

⑥ 单击"完成"按钮,出现如图 8-6 所示的主对话框。

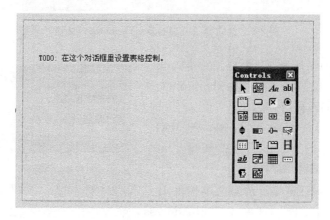

图 8-6　主对话框

(3) 设置主对话框。

① 将控件栏中的 Static Text 控件拖入主对话框,右击该控件,单击"属性"命令,在 ID 下拉列表框中输入 IDC_STATICShopNo,在"标题"文本框中输入"商店号:",如图 8-7 所示。

② 将控件栏中的 Edit Box 控件拖入主对话框,右击该控件,单击"属性"命令,在 ID 下拉列表框中输入 IDC_EDITShopNo,如图 8-8 所示。

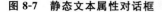
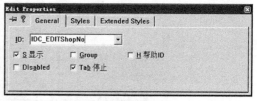

图 8-7　静态文本属性对话框　　　　　图 8-8　编辑框属性对话框

右击该控件,单击"建立类向导"命令,在打开的类向导对话框中单击 Member Variables 标签,出现如图 8-9 所示对话框。在 Class name 下拉列表框中选择 CShopView,在 Control IDs 列表框中选择 IDC_EDITShopNo,单击 Add Variable 按钮。

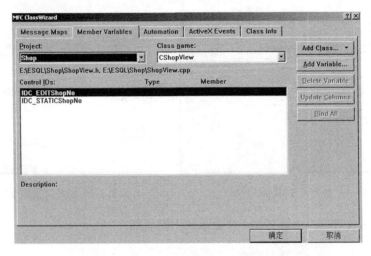

图 8-9 类向导——Member Variables 对话框

出现如图 8-10 所示对话框,在 Member Variable name 下拉列表框中选择 m_pSet→ m_ShopNo,单击 OK 按钮。

出现如图 8-11 所示对话框,在 IDC_EDITShopNo 控件的 Member 栏中新增了 m_ShopNo 成员变量,单击"确定"按钮。

③ 同理,向主对话框添加静态文本控件 IDC_STATICShopName、IDC_STATICShopAddress 和编辑框控件 IDC_EditShopName、IDC_EditShopAddress,结果如图 8-12 所示。

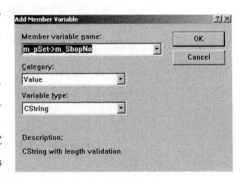

图 8-10 添加成员变量对话框

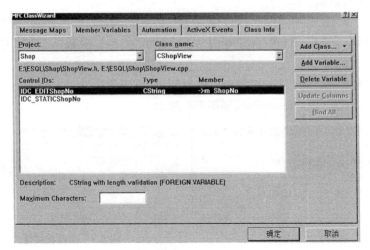

图 8-11 新增了成员变量的类向导对话框

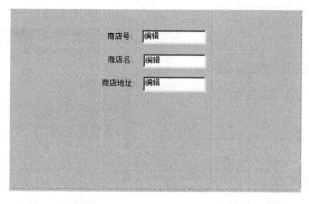

图8-12 添加静态文本和编辑框控件后的主对话框

④ 将控件栏中的 Button 控件拖入主对话框,右击该控件,单击"属性"命令,出现如图 8-13 所示对话框。在 ID 下拉列表框中输入 IDC_BUTTONFIRST,在"标题"文本框中输入"第一条"。

图8-13 命令按钮控件属性对话框

以同样方法添加 Button 控件"上一条"、"下一条"、"最后一条"、"添加"、"删除"、"保存"、"查询",结果如图 8-14 所示。

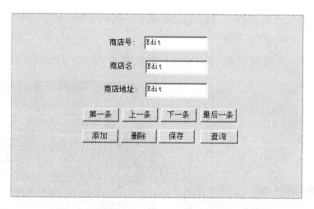

图8-14 添加命令按钮控件后的主对话框

(4) 创建查询子对话框。

① 如图 8-15 所示,单击 VC 6.0 集成环境中左侧导航的 ResourceView 标签,右击 Shop resources 节点,单击 Insert 命令。

② 出现如图 8-16 所示的"插入资源"对话框,选中 Dialog 选项,单击"新建"按钮。

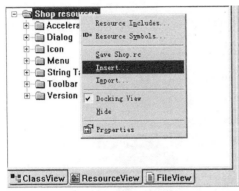

图 8-15　执行插入资源操作　　　　　　图 8-16　"插入资源"对话框

③ 出现如图 8-17 所示的默认对话框。

④ 参照设置主对话框的方法,在查询子对话框中添加一个静态文本控件("标题"为"请输入商店号:",ID 为 IDC_STATICShopNo)和一个编辑框控件(ID 为 IDC_EditShopNo),将命令按钮 OK、Cancel 的标题分别改为确定和取消,对话框的标题改为查询商店信息。然后重新布局该对话框中的所有控件,得到如图 8-18 所示的查询子对话框。

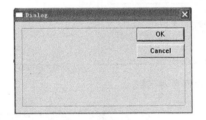

图 8-17　默认对话框　　　　　　图 8-18　添加相应控件后的查询子对话框

⑤ 双击该对话框,出现如图 8-19 所示对话框,选择 Create a new class 单选按钮,单击 OK 按钮。

⑥ 出现如图 8-20 所示对话框,在 Name 文本框中输入 CDialog1,单击 OK 按钮。

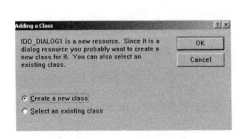
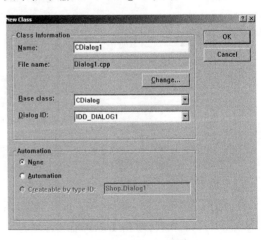

图 8-19　添加新类对话框　　　　　　图 8-20　新类属性对话框

⑦ 出现如图 8-21 所示对话框,在 Class name 下拉列表框中选择 CDialog1,在 Control
IDs 列表框中选择 IDC_EDITShopNo,单击 Add Variable 按钮,添加成员变量 m_ShopNo。

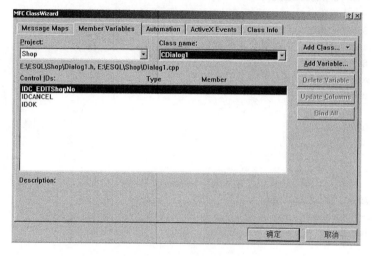

图 8-21 类向导对话框

⑧ 单击 VC 6.0 集成环境中左侧导航的 FileView 标签,双击 ShopView. cpp,添加代码
"#include "Dialog1. h""。

(5)编辑主对话框中的命令按钮事件代码。

双击主对话框中的"第一条"命令按钮,出现如
图 8-22 所示对话框,单击 OK 按钮。

出现该命令按钮的单击事件代码编辑窗口,输
入如下代码:

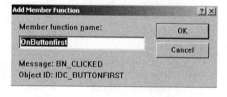

图 8-22 添加成员函数对话框

```
void CShopView::OnButtonfirst()
{   m_pSet->MoveFirst();
    UpdateData(FALSE);
}
```

其他命令按钮控件的单击事件代码如下:
【上一条】

```
void CShopView::OnButtonbefore()
{   m_pSet->MovePrev();
    if(m_pSet->IsBOF())
    {   MessageBox("已定位在第一条记录!");
        m_pSet->MoveNext();
        UpdateData(FALSE);
        return;
    }
    UpdateData(FALSE);
}
```

【下一条】

```
void CShopView::OnButtonnext()
{    m_pSet -> MoveNext();
     if(m_pSet -> IsEOF())
     {    MessageBox("已定位在最后一条记录!");
          m_pSet -> MovePrev();
          UpdateData(FALSE);
          return;
     }
     UpdateData(FALSE);
}
```

【最后一条】

```
void CShopView::OnButtonlast()
{    m_pSet -> MoveLast();
     UpdateData(FALSE);
}
```

【增加】

```
void CShopView::OnButtonadd()
{    m_pSet -> AddNew();
     UpdateData(FALSE);
}
```

【删除】

```
void CShopView::OnButtondel()
{    m_pSet -> Delete();
     m_pSet -> MoveNext();
     if(m_pSet -> IsEOF()) m_pSet -> MoveLast();
     if(m_pSet -> IsBOF()) m_pSet -> SetFieldNull(NULL);
     UpdateData(FALSE);
}
```

【保存】

```
void CShopView::OnButtonupdate()
{    UpdateData();
     m_pSet -> Update();
     m_pSet -> Requery();
}
```

【查询】

```
void CShopView::OnButtonquery()
{    CDialog1 MyDlg;
     MyDlg.DoModal();
     CString value;
     if (m_pSet -> IsOpen()) m_pSet -> Close();
     value = "ShopNo = '" + MyDlg.m_ShopNo + "'";
```

```
        m_pSet->m_strFilter = value;
        m_pSet->Open();
        if(!m_pSet->IsEOF())
            UpdateData(FALSE);
        else
            MessageBox("查无此商店!");
        return;
}
```

(6) 编译并运行。

按 Ctrl＋F5 键,显示如图 8-23 所示 Shop 系统的主窗体。

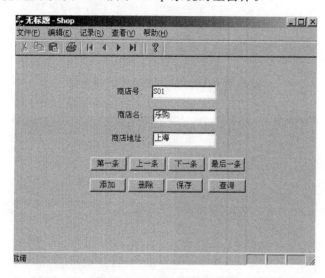

图 8-23　Shop 系统的主窗体

单击"查询"按钮,显示如图 8-24 所示窗口,输入商店号后单击"确定"按钮,可查询该商店的基本信息。

2.　基于 ADO 技术的数据库系统开发

【例】　基于 ADO,开发一个商品销售管理系统。

(1) 配置数据源。

本实验仍使用已建数据源 SP。

(2) 创建应用程序框架。

① 同 Shop 系统的开发,但新建工程名为 SP。

② 出现如图 8-25 所示的"MFC 应用程序向导"对话框,选择"基本对话框"单选按钮,单击"完成"按钮。

图 8-24　Shop 系统的查询子窗体

(3) 设置登录对话框。

展开 Dialog 节点后,将对话框 IDD_SP_DIALOG 中"确定"、"取消"命令按钮的标题分别改为"进入系统"、"退出系统",对话框的标题为"登录",如图 8-26 所示。

(4) 创建主菜单。

① 单击 VC 6.0 集成环境中左侧导航的 ResourceView 标签,右击 SP resources 节点,

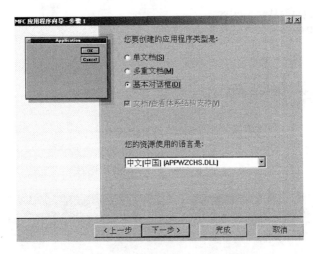

图 8-25　"MFC 应用程序向导"对话框

图 8-26　系统登录窗体

单击"插入"命令，出现插入资源对话框后选择 Menu 选项，单击"新建"按钮，默认菜单名为 IDR_MENU1。

② 设置菜单 IDR_MENU1 的四个主菜单项，标题分别为"商店信息管理"、"商品信息管理"、"销售信息管理"、"系统管理"，并在主菜单项商店信息管理中添加子菜单项商店信息浏览，ID 为 ID_Menu_Shop_Browse，"标题"为"商店信息浏览"，如图 8-27 所示。

图 8-27　菜单项目属性对话框

（5）创建主对话框。

① 插入新对话框，将其 ID 改为 IDD_MainDlg，删除其中的 OK 和 Cancel 按钮，"标题"为"商品销售管理系统"，为该对话框新建类名 CMainDlg，在 SPDlg.cpp 中添加代码"#include "MainDlg.h""。

② 右击该对话框，单击"属性"命令，选择"菜单"为 IDR_MENU1，如图 8-28 所示。

图 8-28　创建主对话框

（6）创建商店信息管理子对话框。

① 插入新对话框，将其 ID 改为 IDD_ShopDlg，删除其中的 OK 和 Cancel 按钮，"标题"为"商店信息浏览"，为该对话框新建类名 CShopDlg，在 MainDlg.cpp 中添加代码"#include "ShopDlg.h""。

② 右击该对话框，单击 Insert ActiveX Control 命令，出现如图 8-29 所示的对话框，选择 Microsoft ADO Data Control 6.0 选项，单击"确定"按钮。

③ 以同样方法向该子窗体中插入控件 Microsoft DataGrid Control 6.0，添加两个控件后的子窗体如图 8-30 所示。

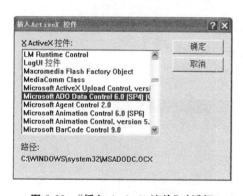

图 8-29　"插入 ActiveX 控件"对话框

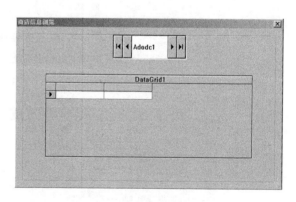

图 8-30　商店信息管理子窗体

④ 右击 Adodc1 控件，单击"属性"命令，在打开窗口中单击"通用"标签，出现如图 8-31 所示的对话框，选中"使用 ODBC 数据资源名称"单选按钮，选择数据源为 SP。

⑤ 单击"记录源"标签，在"命令类型"下拉列表框中选择 2-adCmdTable，在"表或存储过程名称"下拉列表框中选择 Shop，如图 8-32 所示。设置后关闭 Adodc1 属性窗口。

⑥ 右击 DataGrid1 控件，单击"属性"命令，在打开窗口中单击"通用"标签，出现如图 8-33 所示的对话框，选中所有选项。然后单击 All 标签，出现如图 8-34 所示的窗口，设置 DataSource 为 IDC ADODC1。

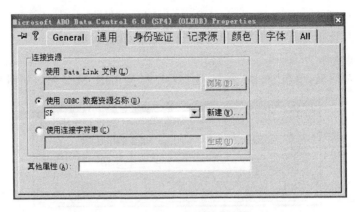

图 8-31　Adodc1 属性-通用对话框

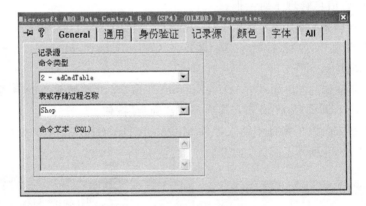

图 8-32　Adodc1 属性-记录源对话框

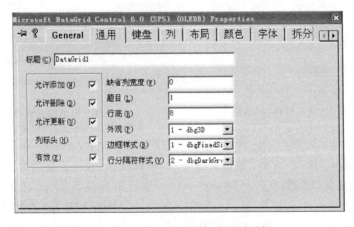

图 8-33　DataGrid1 属性-通用对话框

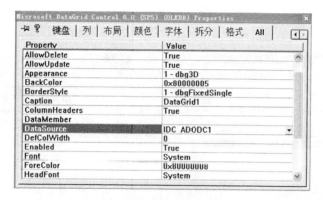

图 8-34 DataGrid1 属性-All 命令

⑦ 右击该对话框,单击"建立类向导"→"Message Maps"命令,选择 Object IDs 中的 ID _ADODC1 和 Messages 中的 WILLMOVE 选项,如图 8-35 所示,单击 Add Function 按钮。

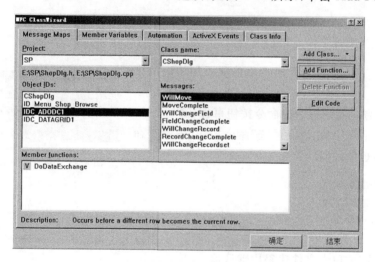

图 8-35 类向导对话框

⑧ 出现如图 8-36 所示对话框,单击 OK 按钮。

⑨ 以同样方法可以创建商品信息管理对话框、销售信息管理对话框、系统管理对话框。

(7) 编辑菜单项的事件代码。

① 右击主对话框,单击"建立类向导"→Message Maps 命令,选择 Object IDs 中的 ID_MENU_Shop_ Browse 和 Messages 中的 COMMAND 选项,单击 Add Function 按钮,如图 8-37 所示。

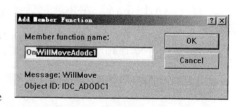

图 8-36 添加成员函数对话框

② 出现如图 8-38 所示对话框,单击 OK 按钮。

③ 返回类向导对话框,单击 Edit Code 按钮,编辑如下代码:

```
void CMainDlg::OnMenuShopBrowse()
{   CShopDlg ShopDlg;
```

```
    ShopDlg.DoModal();
}
```

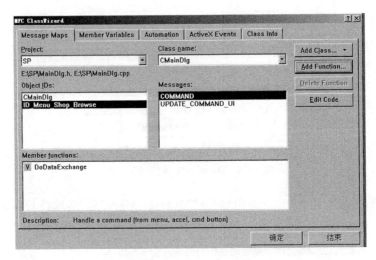

图 8-37　类向导对话框

④ 以同样方法可以为其他子菜单项添加相应的事件代码。

(8) 编辑登录对话框中的命令按钮事件代码。

双击主对话框中的"进入系统"命令按钮,编辑该命令按钮的单击事件代码:

图 8-38　添加成员函数对话框

```
void CSPDlg::OnOK()
{   CMainDlg MainDlg;
    MainDlg.DoModal();
}
```

"退出系统"的单击事件代码用默认值。

(9) 编译并运行。

① 按 Ctrl+F5 键,在登录对话框中单击"进入系统"按钮,出现如图 8-39 所示的主对话框。

② 单击子菜单项"商店信息管理",出现如图 8-40 所示的对话框。

图 8-39　主对话框

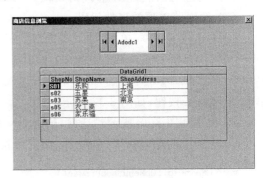

图 8-40　"商店信息浏览"对话框

四、实验练习

完成下列各题，并基于练习内容撰写实验报告。

1. 基于 MFC ODBC 技术，设计一个学生基本信息管理系统。

2. 基于 ADO 技术，设计一个学生综合信息管理系统。

"数据库原理及应用" 课程设计

一、设计目的

《数据库原理及应用》课程设计是计算机科学与技术及其相关专业一个非常重要的实践性环节,是学生在学习《数据库原理及应用》课程后一次综合的练习。本课程设计旨在使学生巩固对数据库原理的理解,掌握数据库应用系统的设计方法,提高应用数据库原理解决实际问题的能力。

二、设计要求

1. 学生自愿选题,每 2 或 3 名学生为一组,组内设组长一名,组内成员分工明确、各司其职,两周内协同完成一个课题。

2. 开发过程遵循软件工程原则,开发平台自选。

3. 每组最终提交一个可以实际运行的应用系统和课程设计报告。课程设计报告的封面参照实验报告模板,正文不少于 30000 字,内容包括需求分析、系统设计、平台简介、系统实现等。

三、设计案例

基于C/S的商品销售管理系统

一、需求分析

本系统主要包括以下几个模块：

1. 公共模块

它包括一些通用类，如 ADO 封装类、用户封装类、商店封装类等。

2. 系统管理模块

它包括用户登录和密码修改，用户按权限分为普通用户和管理员。

3. 商店信息管理模块

普通用户可以浏览和查询商店信息，管理员可以添加、删除和修改商店信息。

4. 商品信息管理模块

普通用户可以浏览和查询商品信息，管理员可以添加、删除和修改商品信息。

5. 销售信息管理模块

普通用户可以浏览所有商店的销售信息、查询某个商店的销售信息、统计每个商店的销售总数量，管理员可以添加、删除和修改销售信息。

二、系统设计

1. 系统架构

系统采用 C/S 架构，即分为客户端和服务端，其中：

客户端——作为用户的接口层，封装了一些业务逻辑，负责从服务端获取数据，并对数据进行处理，将处理结果返回到服务端。

服务端——作为数据的存储与维护层,负责数据的管理。本系统采用 SQL Server 2000 作为后台数据库。

2．功能模块

系统各个功能模块的具体描述如表 9-1 所示。

表 9-1　系统功能模块

功能模块	对话框	源文件	功能描述
公共模块	/IDD_MainDlg	/ADOConn. cpp	ADO 封装类
		/UserInfo. cpp	用户封装类
		/ShopInfo. cpp	商店封装类
		/ProductInfo. cpp	商品封装类
		/SaleInfo. cpp	销售封装类
系统管理模块	/IDD_LoginDlg	/LoginDlg. cpp	用户登录
	/IDD_PwdDlg	/ChangePwdDlg. cpp	密码修改
商店信息管理模块	/IDD_ShopDlg	/ShopMgrInfoDlg. cpp	浏览商店信息
			添加商店信息
			维护商店信息
	/IDD_ShopQueryDlg	/ShopQueryDlg. cpp	查询商店信息
商品信息管理模块	/IDD_ProductDlg	/ProductMgrInfoDlg. cpp	浏览商品信息
			添加商品信息
			维护商品信息
	/IDD_ProductQueryDlg	/ProductQueryDlg. cpp	查询商品信息
销售信息管理模块	/IDD_SaleDlg	SaleInfoMgrDlg. cpp	浏览销售信息
			维护销售信息
	/IDD_SaleQueryDlg	/SaleQueryDlg. cpp	查询销售信息
	/IDD_SaleSummaryDlg	/SaleTjDlg. cpp	汇总销售信息

3．数据库设计

详见本书实验一、实验二。

三、平台简介

系统基于 Visual C++ 6.0(以下简称 VC++)和 SQL Server 2000 数据库实现。

1．Visual C++ 6.0

VC++是 Microsoft 公司推出的 Windows 平台上的主流前端开发工具,其功能强大,几乎涵盖了 Windows 平台上的各种应用。VC++由一组软件包构成,包含了各种必需的组件工具,如编辑器、编译器、链接器、调试器等,实质上提供了一个 Windows 平台上方便开发 C/C++程序的可视化环境,它将各种工具组合起来,通过窗口、对话框、菜单、工具栏、快捷键及宏等构成了一个集成环境,程序员可以方便快捷地进行开发。VC++提供的服务包括:

（1）创建和维护源程序文件的文本编辑器。

（2）设计对话框、工具栏等界面组件的资源编辑器。

（3）开发进程（如源文件、工程、资源等）的观察窗口。

（4）提供了创建不同类型的 Windows 应用程序（如标准应用程序、动态链接库、Win32 应用程序、ActiveX 控件等）的专门向导（AppWizard）。

（5）创建和维护各种类的助手—类向导 ClassWizard。

（6）优秀的调试器及可视化表示。

（7）内置的 MFC 帮助。MFC（Microsoft Foundation Class，微软基础类库）是 Microsoft 公司为 Windows 程序员提供的一个面向对象的编程接口。

2．SQL Server 2000

SQL Server 是一个高性能、多用户的关系型数据库管理系统，专为客户机/服务器计算环境设计，是当前最流行的数据库服务器系统之一，它提供的内置数据复制功能、强大的管理工具和开放式的系统体系结构为基于事务的企业级信息管理方案提供了一个卓越的平台。

在 SQL Server 数据库中，数据被组织为用户可以看得见的逻辑组件，这些逻辑组件主要包括基本表、视图、存储过程、触发器和用户等。SQL Server 将这些组件物理地存储在磁盘上的操作系统文件中。作为普通用户只需关心逻辑组件的存在，而它们的物理实现在很大程度上是透明的，一般只有数据库管理员需要了解和处理数据库的物理实现。

3．VC++开发数据库应用程序的各种技术

（1）ODBC API。

ODBC（Open DataBase Connectivity，开放数据库互连）是数据库访问的标准接口。使用这一标准接口，可以使用户不需关心具体 DBMS 的细节，只需有相应类型的 ODBC 驱动程序就可以实现对数据库的访问。使用 ODBC API（ODBC Application Program Interface）开发数据库应用程序的一般步骤是：

① 分配 ODBC 环境，使一些内部结构初始化。

② 为将访问的每个数据源分配一个连接句柄。

③ 将连接句柄与数据库连接，使用 SQL 语句进行操作。

④ 取回 SQL 语句操作的结果，取消与数据库的连接。

⑤ 释放 ODBC 环境。

ODBC API 的特点是功能强大，提供了异步操作、事务处理等高级功能，但相应的编程复杂、工作量大，不适合初学者使用。

（2）MFC ODBC 类。

直接使用 ODBC API 开发数据库应用程序需要编写大量的代码，所以 VC++提供了已封装 ODBC API 的 MFC ODBC 类，使用户从 ODBC API 复杂的编程中解脱出来，能够非常简便地开发数据库应用程序。MFC 类库中主要的 MFC ODBC 类有：

① Cdatabase（数据库类）——提供了对数据源的连接，可以对数据源进行操作。

② CrecordSet（记录集类）——以控制的形式显示数据库记录，是直接连到一个

CRecordSet 对象的表视图。

③ CrecordView(可视记录集类)——提供了从数据源中提取的记录集,通常使用动态行集(dynasets)和快照集(snapshots)两种形式。动态行集能保持与数据的更改同步,快照集是数据的一个静态视图。

(3) DAO。

DAO(Data Access Object)提供了一种通过程序代码创建和操作数据库的机制,专用于访问 Microsoft Jet 数据库文件(*.mdb)。MFC 类库中主要的 DAO 类有:

① CdaoDatabase(数据库类)——代表一个到数据源的连接,通过它可以操作数据源。

② CdaoRecordSet(记录集类)——用来选择记录集并操作。

③ CdaoRecordView(可视记录集类)——显示数据库记录的视图。

(4) OLE DB。

基于 COM(Component Object Model)接口的 OLE DB(Object Linked and Embedded Database)是 VC++访问数据库的新技术,使用它既可以访问关系型数据库,也可以访问非关系型数据库。OLE DB 框架中主要基本类有:

① Data Provider(数据提供程序类)——拥有自己的数据并以表格形式显示数据的应用程序。

② Consumers(使用者类)——对存储在数据提供程序中的数据进行控制的应用程序。用户应用程序归为使用者类。

③ Service Provider(服务提供程序类)——是数据提供程序和使用者的组合。它首先通过使用者接口访问存储在数据提供程序中的数据,然后通过打开数据提供程序接口使得数据对使用者有效。

④ OLE DB 与 ODBC API 一样也属于数据库访问中的底层接口,使用 OLE DB 开发数据库应用程序需要编写大量的代码。

(5) ADO。

ADO(ActiveX Data Object)是基于 OLE DB 的访问技术,继承了 OLE DB 可以访问关系数据库和非关系数据库的优点,并且对 OLE DB 的接口作了封装,属于数据库访问的高层接口,使数据库应用程序的开发得到了简化。

四、系统实现

1. 公共模块

公共模块封装了一些通用的类,以便其他类调用。如 ADO 封装类、用户封装类、商店封装类、商品封装类、销售封装类。

(1) ADO 封装类。

ADO 封装类封装了数据库的建立连接、执行查询、关闭连接等操作。代码如下:

① ADOConn.h。

```
//ADO封装类
class CADOConn
```

```
{
public:
    //添加一个指向Connection对象的指针
    _ConnectionPtr m_pConnection;
    //添加一个指向Recordset对象的指针
    _RecordsetPtr m_pRecordset;
public:
    CADOConn();
    virtual ~CADOConn();
    // 初始化—连接数据库
    void  OnInitADOConn();
    // 执行查询
    _RecordsetPtr& GetRecordSet(_bstr_t bstrSQL);
    // 执行SQL语句, Insert Update _variant_t
    BOOL ExecuteSQL(_bstr_t bstrSQL);
    void ExitConnect();
    void Restore(_bstr_t bstrSQL);
};
```

② ADOConn. cpp。

```
// 初始化、连接数据库
void  CADOConn::OnInitADOConn()

    // 初始化OLE/COM库环境
    ::CoInitialize(NULL);
    try
    {
        // 创建Connection对象
        m_pConnection.CreateInstance("ADODB.Connection");
        // 设置连接字符串, 必须是BSTR型或者_bstr_t类型
        _bstr_t strConnect = "File Name=data.udl";
        m_pConnection->Open(strConnect,"","",adModeUnknown);
    }
    // 捕捉异常
    catch(_com_error e)
    {
        // 显示错误信息
        AfxMessageBox(e.Description());
    }
}
// 执行查询
_RecordsetPtr&  CADOConn::GetRecordSet(_bstr_t bstrSQL)
{
    try
    {
        //连接数据库，如果Connection对象为空，则重新连接
        if(m_pConnection==NULL)
            OnInitADOConn();
        // 创建记录集对象
        m_pRecordset.CreateInstance(__uuidof(Recordset));
        // 取得表中的记录
        m_pRecordset->Open(bstrSQL,m_pConnection.GetInterfacePtr(),
            adOpenDynamic,adLockOptimistic,adCmdText);
    }
    //捕捉异常
    catch(_com_error e)
    {
        //显示错误信息
        AfxMessageBox(e.Description());
    }
    //返回记录集
    return m_pRecordset;
}
//执行SQL语句, Insert Update _variant_t
BOOL CADOConn::ExecuteSQL(_bstr_t bstrSQL)
{
    //_variant_t RecordsAffected;
    try
    {
        //是否已经连接数据库
        if(m_pConnection == NULL)
            OnInitADOConn();
        // Connection对象的Execute方法:(_bstr_t CommandText
        // VARIANT * RecordsAffected, long Options )
```

```
        // 其中CommandText是命令字串，通常是SQL命令
        // 参数RecordsAffected是操作完成后所影响的行数
        // 参数Options表示CommandText的类型：adCmdText-文本命令
        // adCmdProc-存储过程；adCmdUnknown-未知
        m_pConnection->Execute(bstrSQL,NULL,adCmdText);
        return true;
    }
    catch(_com_error e)
    {
        AfxMessageBox(e.Description());
        return false;
    }
}
//关闭连接
void CADOConn::ExitConnect()
{
    // 关闭记录集和连接
    if (m_pRecordset != NULL)
        m_pRecordset->Close();
    m_pConnection->Close();
    // 释放环境
    ::CoUninitialize();
}
```

（2）用户封装类。

用户封装类封装了对用户信息的通用操作，包括密码校验、插入、删除、更新等。代码如下：

① UserInfo. h。

```
class CUserInfo
{
public:
    CString m_UserName;
    CString m_Pwd;
public:
    CUserInfo();
    virtual ~CUserInfo();
    void GetData(CString UserName);
    bool HaveUser(CString UserName);
    bool HavePwd(CString Pwd);
    void SqlUpdate(CString UserName);
};
```

② UserInfo. cpp。

```
// 根据用户名得到其他信息
void CUserInfo::GetData(CString UserName)
{
    // 连接数据库
    CADOConn m_AdoConn;
    m_AdoConn.OnInitADOConn();
    // 设置Select语句
    _bstr_t vSQL;
    vSQL = "SELECT * FROM yh WHERE UserName = '" + UserName + "'";
    // 执行SQL语句
    _RecordsetPtr m_pRecordSet;
    m_pRecordSet = m_AdoConn.GetRecordSet(vSQL);
    // 返回各列的值
    if(m_pRecordSet->adoEOF)
    {
        CUserInfo();
    }
    else
    {
        m_UserName = UserName;
        m_Pwd = (LPCTSTR)(_bstr_t)m_pRecordSet->GetCollect("Pwd");
    }
    // 断开数据库连接
    m_AdoConn.ExitConnect();
}
```

```
//判断用户是否存在
bool CUserInfo::HaveUser(CString UserName)
{
    // 连接数据库
    CADOConn m_AdoConn;
    m_AdoConn.OnInitADOConn();
    // 设置Select语句
    _bstr_t vSQL;
    vSQL = "SELECT * FROM yh WHERE UserName = '" + UserName + "'";
    // 执行SQL语句
    _RecordsetPtr m_pRecordSet;
    m_pRecordSet = m_AdoConn.GetRecordSet(vSQL);
    // 判断是否存在此用户
    if(m_pRecordSet->adoEOF)
    {
        return FALSE;
    }
    else
    {
        return TRUE;
    }
}

//密码校验
bool CUserInfo::HavePwd(CString Pwd)
{
    // 连接数据库
    CADOConn m_AdoConn;
    m_AdoConn.OnInitADOConn();
    // 设置Select语句
    _bstr_t vSQL;
    vSQL = "SELECT * FROM yh WHERE Pwd = '" + Pwd + "'";
    // 执行SQL语句
    _RecordsetPtr m_pRecordSet;
    m_pRecordSet = m_AdoConn.GetRecordSet(vSQL);
    // 判断是否存在此用户
    if(m_pRecordSet->adoEOF)
    {
        return FALSE;
    }
    else
    {
        return TRUE;
    }
}

//更新操作
void CUserInfo::SqlUpdate(CString UserName)
{
    // 连接数据库
    CADOConn m_AdoConn;
    m_AdoConn.OnInitADOConn();
    // 设置Update语句
    _bstr_t vSQL;
    vSQL = "UPDATE yh SET Pwd = '" + m_Pwd
        + "' WHERE UserName = '" + UserName + "'";
    // 执行SQL语句
    m_AdoConn.ExecuteSQL(vSQL);
    // 断开数据库连接
    m_AdoConn.ExitConnect();
}
```

(3) 商店封装类。

商店封装类封装了对商店信息的通用操作,包括插入、删除、更新等。代码如下:
① ShopInfo.h。

```
//商店信息类
class CShopInfo
{
public:
    CString m_ShopNo;
    CString m_ShopName;
    CString m_ShopAddress;
public:
    CShopInfo();
```

```
    virtual ~CShopInfo();
    void GetData(CString ShopNo);
    bool HaveShop(CString ShopNo);
    void SqlInsert();
    void SqlUpdate(CString ShopNo);
    void SqlDelete(CString ShopNo);
};
```

② ShopInfo.cpp。

```
//根据商店号得到其他信息
void CShopInfo::GetData(CString ShopNo)
{
    // 连接数据库
    CADOConn m_AdoConn;
    m_AdoConn.OnInitADOConn();
    // 设置Select语句
    _bstr_t vSQL;
    vSQL = "SELECT * FROM shop WHERE
        ShopNo = '" + ShopNo + "'";
    // 执行SQL语句
    _RecordsetPtr m_pRecordSet;
    m_pRecordSet = m_AdoConn.GetRecordSet(vSQL);
    // 返回各列的值
    if(m_pRecordSet->adoEOF)
    {
        CShopInfo();
    }
    else
    {
        m_ShopNo = ShopNo;
        m_ShopName = (LPCTSTR)(_bstr_t)
            m_pRecordSet->GetCollect("ShopName");
        m_ShopAddress = (LPCTSTR)(_bstr_t)
            m_pRecordSet->GetCollect("ShopAddress");
    }
    // 断开数据库连接
    m_AdoConn.ExitConnect();
}
//判断商店号是否存在
bool CShopInfo::HaveShop(CString ShopNo)
{
    // 连接数据库
    CADOConn m_AdoConn;
    m_AdoConn.OnInitADOConn();
    // 设置Select语句
    _bstr_t vSQL;
    vSQL = "SELECT * FROM shop WHERE ShopNo = '" + ShopNo + "'";
    // 执行SQL语句
    _RecordsetPtr m_pRecordSet;
    m_pRecordSet = m_AdoConn.GetRecordSet(vSQL);
    if(m_pRecordSet->adoEOF)
    {
        return FALSE;
    }
    else
    {
        return TRUE;
    }
}
//插入操作
void CShopInfo::SqlInsert()
{
    // 连接数据库
    CADOConn m_AdoConn;
    m_AdoConn.OnInitADOConn();
    // 设置Insert语句
    _bstr_t vSQL;
    vSQL = "INSERT INTO shop VALUES ('" + m_ShopNo + "', '"
        + m_ShopName + "', '" + m_ShopAddress + "')";
    // 执行SQL语句
    m_AdoConn.ExecuteSQL(vSQL);
    // 断开数据库连接
    m_AdoConn.ExitConnect();
}
```

```
//更新操作
void CShopInfo::SqlUpdate(CString ShopNo)
{
    // 连接数据库
    CADOConn m_AdoConn;
    m_AdoConn.OnInitADOConn();
    // 设置Update语句
    _bstr_t vSQL;
    vSQL = "UPDATE shop SET ShopNo = '" + m_ShopNo
        + "', ShopName = '" + m_ShopName
        + "', ShopAddress = '" + m_ShopAddress
        + "' WHERE ShopNo = '" + ShopNo+ "'";
    // 执行SQL语句
    m_AdoConn.ExecuteSQL(vSQL);
    // 断开数据库连接
    m_AdoConn.ExitConnect();
}
//删除操作
void CShopInfo::SqlDelete(CString ShopNo)
{
    // 连接数据库
    CADOConn m_AdoConn;
    m_AdoConn.OnInitADOConn();
    // 设置Delete语句
    _bstr_t vSQL;
    vSQL = "DELETE FROM shop WHERE ShopNo = '" + ShopNo + "'";
    // 执行SQL语句
    m_AdoConn.ExecuteSQL(vSQL);
    // 断开与数据库的连接
    m_AdoConn.ExitConnect();
}
```

(4) 商品封装类。

商品封装类封装了对商品信息的通用操作,包括插入、删除、更新等。代码如下:

① ProductInfo. h。

```
//商品信息类
class CProductInfo
{
public:
    CString m_ProNo;
    CString m_ProName;
    CString m_ProPrice;
public:
    CProductInfo();
    virtual ~CProductInfo();
void GetData(CString ProNo);
    bool HaveProduct(CString ProNo);
    void SqlInsert();
    void SqlUpdate(CString ProNo);
    void SqlDelete(CString ProNo);
};
```

② ProductInfo. cpp。

```
// 根据商品号得到其他信息
void CProductInfo::GetData(CString ProNo)
{
    // 连接数据库
    CADOConn m_AdoConn;
    m_AdoConn.OnInitADOConn();
    // 设置Select语句
    _bstr_t vSQL;
    vSQL = "SELECT * FROM Product WHERE ProNo = '" + ProNo + "'";
    // 执行SQL语句
    _RecordsetPtr m_pRecordSet;
    m_pRecordSet = m_AdoConn.GetRecordSet(vSQL);
    // 返回各列的值
    if(m_pRecordSet->adoEOF)
    {
        CProductInfo();
```

```
        }
        else
        {
            m_ProNo = ProNo;
            m_ProName = (LPCTSTR)(_bstr_t)
                m_pRecordSet->GetCollect("ProName");
            m_ProPrice = (LPCTSTR)(_bstr_t)
                m_pRecordSet->GetCollect("ProPrice");
        }
        // 断开数据库连接
        m_AdoConn.ExitConnect();
}
//判断商品号是否存在
bool CProductInfo::HaveProduct(CString ProNo)
{
        // 连接数据库
        CADOConn m_AdoConn;
        m_AdoConn.OnInitADOConn();
        // 设置Select语句
        _bstr_t vSQL;
        vSQL = "SELECT * FROM Product WHERE ProNo = '" + ProNo + "'";
        // 执行SQL语句
        _RecordsetPtr m_pRecordSet;
        m_pRecordSet = m_AdoConn.GetRecordSet(vSQL);
        if(m_pRecordSet->adoEOF)
        {
            return FALSE;
        }
        else
        {
            return TRUE;
        }
}
//插入操作
void CProductInfo::SqlInsert()
{
        // 连接数据库
        CADOConn m_AdoConn;
        m_AdoConn.OnInitADOConn();
        // 设置Insert语句
        _bstr_t vSQL;
        vSQL = "INSERT INTO Product VALUES ('" + m_ProNo + "', '"
            + m_ProName + "', '" + m_ProPrice + "')";
        // 执行SQL语句
        m_AdoConn.ExecuteSQL(vSQL);
        // 断开数据库连接
        m_AdoConn.ExitConnect();
}
// 更新操作
void CProductInfo::SqlUpdate(CString ProNo)
{
        // 连接数据库
        CADOConn m_AdoConn;
        m_AdoConn.OnInitADOConn();
        // 设置Update语句
        _bstr_t vSQL;
        vSQL = "UPDATE Product SET ProNo = '" + m_ProNo
            + "', ProName = '" + m_ProName
            + "', ProPrice = '" + m_ProPrice
            + "' WHERE ProNo = '" + ProNo+ "'";
        // 执行SQL语句
        m_AdoConn.ExecuteSQL(vSQL);
        // 断开数据库连接
        m_AdoConn.ExitConnect();
}
//删除操作
void CProductInfo::SqlDelete(CString ProNo)
{
        // 连接数据库
        CADOConn m_AdoConn;
        m_AdoConn.OnInitADOConn();
        // 设置Delete语句
        _bstr_t vSQL;
        vSQL = "DELETE FROM Product WHERE ProNo = '" + ProNo + "'";
        // 执行SQL语句
        m_AdoConn.ExecuteSQL(vSQL);
```

```
    // 断开与数据库的连接
    m_AdoConn.ExitConnect();
}
```

(5) 销售封装类。

销售封装类封装了对销售信息的通用操作,包括插入、删除、更新、查询、统计等。代码
如下:

① SaleInfo.h。

```
//销售信息类
class CSaleInfo
{
public:
    CString m_ShopNo;
    CString m_ProNo;
    CString m_Amount;
public:
    CSaleInfo();
    virtual ~CSaleInfo();
    void GetData(CString ShopNo);
    bool HaveShop(CString ShopNo);
    void SqlInsert();
    void SqlUpdate(CString ShopNo);
    void SqlDelete(CString ShopNo);
};
```

② SaleInfo.cpp。

```
// 根据商店号得到其他信息
void CSaleInfo::GetData(CString ShopNo)
{
    // 连接数据库
    CADOConn m_AdoConn;
    m_AdoConn.OnInitADOConn();
    // 设置Select语句
    _bstr_t vSQL;
    vSQL = "SELECT * FROM  sale WHERE ShopNo = '" + ShopNo + "'";
    // 执行SQL语句
    _RecordsetPtr m_pRecordSet;
    m_pRecordSet = m_AdoConn.GetRecordSet(vSQL);
    // 返回各列的值
    if(m_pRecordSet->adoEOF)
    {
        CSaleInfo();
    }
    else
    {
        m_ShopNo = ShopNo;
        m_ProNo = (LPCTSTR)(_bstr_t)
            m_pRecordSet->GetCollect("ProNo");
        m_Amount = (LPCTSTR)(_bstr_t)
            m_pRecordSet->GetCollect("Amount");
    }
    // 断开数据库连接
    m_AdoConn.ExitConnect();
}
//判断商店号是否存在
bool CSaleInfo::HaveShop(CString ShopNo)
{
    // 连接数据库
    CADOConn m_AdoConn;
    m_AdoConn.OnInitADOConn();
    // 设置Select语句
    _bstr_t vSQL;
    vSQL = "SELECT * FROM sale WHERE ShopNo = '" + ShopNo + "'";
    // 执行SQL语句
    _RecordsetPtr m_pRecordSet;
    m_pRecordSet = m_AdoConn.GetRecordSet(vSQL);
    if(m_pRecordSet->adoEOF)
    {
```

```
        return FALSE;
    }
    else
    {
        return TRUE;
    }
}
// 插入操作
void CSaleInfo::SqlInsert()
{
    // 连接数据库
    CADOConn m_AdoConn;
    m_AdoConn.OnInitADOConn();
    // 设置Insert语句
    _bstr_t vSQL;
    vSQL = "INSERT INTO sale VALUES ('" + m_ShopNo + "', '"
        + m_ProNo + "', '" + m_Amount + "')";
    // 执行SQL语句
    m_AdoConn.ExecuteSQL(vSQL);
    // 断开数据库连接
    m_AdoConn.ExitConnect();
}
//更新操作
void CSaleInfo::SqlUpdate(CString ShopNo)
{
    // 连接数据库
    CADOConn m_AdoConn;
    m_AdoConn.OnInitADOConn();
    // 设置Update语句
    _bstr_t vSQL;
    vSQL = "UPDATE sale SET ShopNo = '" + m_ShopNo
        + "', ProNo = '" + m_ProNo
        + "', Amount = '" + m_Amount
        + "' WHERE ShopNo = '" + ShopNo+ "'";
    // 执行SQL语句
    m_AdoConn.ExecuteSQL(vSQL);
    // 断开数据库连接
    m_AdoConn.ExitConnect();
}
//删除操作
void CSaleInfo::SqlDelete(CString ShopNo)
{
    // 连接数据库
    CADOConn m_AdoConn;
    m_AdoConn.OnInitADOConn();
    // 设置Delete语句
    _bstr_t vSQL;
    vSQL = "DELETE FROM sale WHERE ShopNo = '" + ShopNo + "'";
    // 执行SQL语句
    m_AdoConn.ExecuteSQL(vSQL);
    // 断开数据库连接
    m_AdoConn.ExitConnect();
}
```

2. 系统管理模块

（1）用户登录。

① 单击"系统管理"→"用户登录"选项，进入登录界
面，如图9-1所示。

② 单击"确定"按钮，调用 CLoginDlg 类的 OnOK()
方法，实现用户名和密码的校验。代码如下：

```
void CLoginDlg::OnOK()
{
    UpdateData(TRUE);
    if (m_UserInfo.HaveUser(m_User))
    {
        if (m_UserInfo.HavePwd(m_Pwd))
        {
```

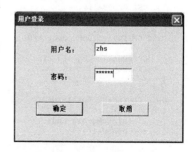

图 9-1 "用户登录"对话框

```
            CMainDlg dlg;
            dlg.DoModal();
        }
        else
        {   MessageBox("密码错误! ","信息提示");
            UpdateData(FALSE);
            return;
        }
    }
    else
    {
        MessageBox("用户名错误! ","信息提示");
        return;
    }
    CDialog::OnOK();
    g_yhmc = m_UserInfo.m_UserName;
    g_yhmm = m_UserInfo.m_Pwd;
}
```

③ 登录成功后,进入系统主界面,如图 9-2 所示。

图 9-2　系统主界面

系统菜单代码如下:

```
//系统管理
void CMainDlg::OnSystem()
{
    CChangePwdDlg  cpd;
    cpd.DoModal();
}
//商店信息管理
void CMainDlg::OnShopinfo()
{
    CShopInfoMgrDlg csi;
    csi.DoModal();
}
//商品信息管理
void CMainDlg::OnProductINFO()
{
    CProductInfoMgrDlg cim;
    cim.DoModal();
}
//销售信息管理
void CMainDlg::OnSaleINFO()
{
    CSaleInfoMgrDlg cmd;
    cmd.DoModal();
}
```

（2）密码修改。

① 单击"系统管理"→"密码修改"选项进入用户密码修改界面，如图 9-3 所示。

② 单击"确定"按钮，调用 CChangePwdDlg 类的 OnOKbutton（）方法，实现用户密码的修改。代码如下：

```
void CChangePwdDlg::OnOkbutton()
{
    UpdateData(TRUE);
    //旧密码是否正确
    if (g_yhmm != m_OldPwd)
    {   MessageBox("您输入的密码有错误","提示");
        m_OldPwd = "";
        m_NewPwd = "";
        m_ConfirmPwd = "";
        UpdateData(FALSE);
        return;
    }else
    {   //两次输入新密码是否一致
        if (m_NewPwd != m_ConfirmPwd)
        {   MessageBox("两次输入的密码不一致","提示");
            m_NewPwd = "";
            m_ConfirmPwd = "";
            UpdateData(FALSE);
            return;
        }
        else//修改成新密码
        {   m_User.m_Pwd = m_NewPwd;
            //m_User.m_Type = g_yhjb;
            m_User.SqlUpdate(g_yhmc);
            g_yhmm = m_NewPwd;
            MessageBox("密码修改成功！","提示");
        }
    }
}
```

图 9-3 "密码修改"对话框

3．商店信息管理模块

以普通用户身份登录后，可进行商店信息的浏览和查询，以管理员身份登录可进行商店信息的维护，包括添加、删除、修改、查询商店信息。

（1）主界面如图 9-4 所示。

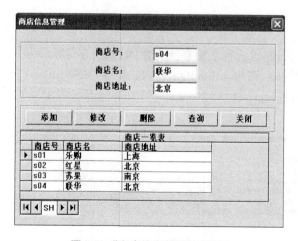

图 9-4 "商店信息管理"对话框

（2）单击"添加"按钮，调用 CShopInfoMgrDlg 类的 OnShAddButton（）方法，实现商店信息的添加。代码如下：

```
//商店信息添加
void CShopInfoMgrDlg::OnShAddButton()
{
    UpdateData(TRUE);
    if(m_ShopInfo.HaveUser(m_ShsShn))
      AfxMessageBox("存在重复的商店号,请重新输入!",0,0);
    else
    {
      m_ShopInfo.m_ShopNo = m_ShsShn;
      m_ShopInfo.m_ShopName = m_ShsShm;
      m_ShopInfo.m_ShopAddress = m_ShsShd;
      m_ShopInfo.SqlInsert();
      Refresh();
    }
}
```

（3）单击"修改"按钮，调用 CShopInfoMgrDlg 类的 OnShModiButton2（）方法，实现商店信息的修改。代码如下：

```
//商店信息修改
void CShopInfoMgrDlg::OnShModiButton2()
{
    UpdateData(TRUE);
    m_ShopInfo.m_ShopNo = m_ShsShn;
    m_ShopInfo.m_ShopName = m_ShsShm;
    m_ShopInfo.m_ShopAddress = m_ShsShd;
    m_ShopInfo.SqlUpdate(m_ShsShn);
    Refresh();
}
```

（4）单击"删除"按钮，调用 CShopInfoMgrDlg 类的 OnShDelButton（）方法，实现商店信息的删除。代码如下：

```
//商店信息删除
void CShopInfoMgrDlg::OnShDelButton()
{
  UpdateData(TRUE);
  if (MessageBox("确定删除吗? ","提示",MB_OKCANCEL)==IDOK)
  {
    m_ShopInfo.SqlDelete(m_ShsShn);
    Refresh();
  }
}
```

（5）单击"查询"按钮，进入商店信息查询窗体，如图 9-5 所示。

（6）单击"查询"按钮，调用 CShopQueryDlg 类的 OnShopQueryButton（）方法，实现商店信息的查询。代码如下：

```
//商店信息查询
void CShopQueryDlg::OnShopQueryBUTTON()
{
    UpdateData(TRUE);
    CString Source;
    Source= "select ShopNo AS 商店号,ShopName
        AS 商店名,ShopAddress AS 商店地址 from shop";
    Source += " where ShopNo = '" + m_ShopQueryNo+"'";
    m_ShqADODC.SetRecordSource (Source);
    m_ShqADODC.Refresh ();
}
```

4. 商品信息管理模块

以普通用户身份登录后,可进行商品信息的浏览和查询,以管理员身份登录可进行商品信息的维护,包括添加、删除、修改、查询商品信息。

(1) 主界面如图 9-6 所示。

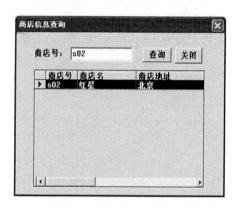

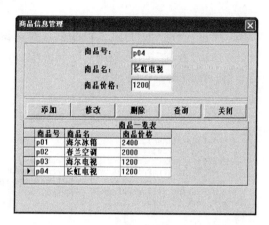

图 9-5 "商店信息查询"对话框　　　　　　**图 9-6 "商品信息管理"对话框**

(2) 单击"添加"按钮,调用 CProductInfoMgrDlg 类的 OnProAddButton()方法,实现商品信息的添加。代码如下:

```
//商品信息添加
void CProductInfoMgrDlg::OnProAddButton()
{
    UpdateData(TRUE);
    if(m_ProductInfo.HaveUser(m_ProsPron))
    AfxMessageBox("存在重复的商品号,重新输入!",0,0);
    else
    {
    m_ProductInfo.m_ProNo = m_ProsPron;
    m_ProductInfo.m_ProName = m_ProsProm;
    m_ProductInfo.m_ProPrice = m_ProsProp;
    m_ProductInfo.SqlInsert();
    Refresh();
    }
}
```

(3) 单击"修改"按钮,调用 CProductInfoMgrDlg 类的 OnProModiButton2()方法,实现商品信息的修改。代码如下:

```
//商品信息修改
void CProductInfoMgrDlg::OnProModiButton2()
{
    UpdateData(TRUE);
    m_ProductInfo.m_ProNo = m_ProsPron;
    m_ProductInfo.m_ProName = m_ProsProm;
    m_ProductInfo.m_ProPrice = m_ProsProp;
    m_ProductInfo.SqlUpdate(m_ProsPron);
    Refresh();
}
```

(4) 单击"删除"按钮,调用 CProductInfoMgrDlg 类的 OnProDelButton()方法,实现商品信息的删除。代码如下:

```
//商品信息删除
void CProductInfoMgrDlg::OnProDelButton()
{
    UpdateData(TRUE);
    if (MessageBox("确定删除吗？","提示",MB_OKCANCEL)==IDOK)
    {
        m_ProductInfo.SqlDelete(m_ProsPron);
        Refresh();
    }
}
```

(5) 单击"查询"按钮,进入商品信息查询窗体,如图 9-7 所示。

(6) 单击"查询"按钮,调用 CProductQueryDlg 类的 OnProductQueryButton()方法,实现商品信息的查询。代码如下:

```
//商品信息查询
void CProductQueryDlg::OnProductQueryBUTTON()
{
    UpdateData(TRUE);
    CString Source;
    Source= "select ProNo AS 商品号,ProName
      AS 商品名,ProPrice AS 商品价格 from Product";
    Source += " where ProNo = '" + m_ProductQueryNo+"'";
    m_ProqADODC.SetRecordSource (Source);
    m_ProqADODC.Refresh ();
}
```

5. 销售信息管理模块

以普通用户身份登录后,可进行销售信息的浏览、查询和统计,以管理员身份登录可进行销售信息的维护,包括添加、删除、修改销售信息。

(1) 主界面如图 9-8 所示。

图 9-7 "商品信息查询"对话框

图 9-8 "销售信息管理"对话框

(2) 单击"添加"按钮,调用 CSaleInfoMgrDlg 类的 OnSaAddButton()方法,实现销售信息的添加。代码如下:

```
//销售信息添加
void CSaleInfoMgrDlg::OnSaAddButton()
{
    UpdateData(TRUE);
    if(m_SaleInfo.HaveUser(m_SasSasn))
```

```
        AfxMessageBox("存在重复的商店号,请重新输入!",0,0);
    else
    {
      m_SaleInfo.m_ShopNo = m_SasSasn;
      m_SaleInfo.m_ProNo = m_SasSapn;
      m_SaleInfo.m_Amount = m_SasSaam;
      m_SaleInfo.SqlInsert();
      Refresh();
    }
}
```

（3）单击"修改"按钮,调用 CSaleInfoMgrDlg 类的 OnSaModiButton2()方法,实现销售信息的修改。代码如下：

```
//销售信息修改
void CSaleInfoMgrDlg::OnSaModiButton2()
{
    UpdateData(TRUE);
    m_SaleInfo.m_ShopNo = m_SasSasn;
    m_SaleInfo.m_ProNo = m_SasSapn;
    m_SaleInfo.m_Amount = m_SasSaam;
    m_SaleInfo.SqlUpdate(m_SasSasn);
    Refresh();
}
```

（4）单击"删除"按钮,调用 CSaleInfoMgrDlg 类的 OnSaDelButton()方法,实现销售信息的删除。代码如下：

```
//销售信息删除
void CSaleInfoMgrDlg::OnSaDelButton()
{
    UpdateData(TRUE);
    if (MessageBox("确定删除吗? ","提示",MB_OKCANCEL) == IDOK)
    {
        m_SaleInfo.SqlDelete(m_SasSasn);
        Refresh();
    }
}
```

（5）单击"查询"按钮,进入"销售查询"窗体,如图 9-9 所示。

图 9-9　"销售查询"窗体

（6）单击"查询"按钮,调用 CSaleQueryDlg 类的 OnSaleQueryButton()方法,实现销售信息的查询。代码如下：

```
//销售信息查询
void CSaleQueryDlg::OnSaleQueryBUTTON()
```

```
{
    UpdateData(TRUE);
    CString Source;
    Source= "select ShopNo AS 商店号,ProNo
        AS 商品号,Amount AS 销售数量 from sale";
    Source += " where ShopNo = '" + m_SaleQueryNo+"'";
    m_SaqADODC.SetRecordSource (Source);
    m_SaqADODC.Refresh ();
}
```

(7) 单击"统计"按钮,进入"销售统计"窗体,如图 9-10 所示。

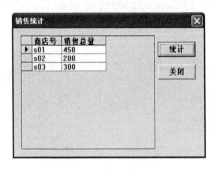

图 9-10　"销售统计"窗体

(8) 单击"统计"按钮,调用 CSaleTjDlg 类的 OnTjButton()方法,实现销售信息的统计。代码如下:

```
//销售统计
void CSaleTjDlg::OnTjbutton()
{
    CString Source;
    Source= "select ShopNo AS 商店号,sum(Amount)
        AS 销售总量 from sale group by ShopNo";
    m_ShtjADODC.SetRecordSource (Source);
    m_ShtjADODC.Refresh ();
}
```

基于B/S的商品销售管理系统

一、需求分析

本系统主要包括以下几个模块:

1. 公共模块

公共模块包括一些通用的页面和类,如母版、通用数据访问类等。

2. 系统管理模块

系统管理模块包括用户登录和注销功能,用户按权限分为普通用户和管理员。

3. 商店信息管理模块

在商店信息管理模块中,普通用户可以浏览和查询商店信息,管理员可以添加、删除和修改商店信息。

4. 商品信息管理模块

在商品信息管理模块中,普通用户可以浏览和查询商品信息,管理员可以添加、删除和修改商品信息。

5. 销售信息管理模块

在销售信息管理模块中,普通用户可以浏览所有商店的销售信息、查询某个商店的销售信息、查询销售某个商品的商店信息、统计每个商店的销售总数量,管理员可以添加、删除和修改销售信息。

二、系统设计

1. 系统架构

系统采用三层架构,即表示层、业务层、数据层。

表示层:作为用户的接口层,负责与整个系统交互,利用 ASP. NET

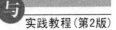

控件来设计,包含了许多 Web 控件和 UI 组件。

业务层:作为业务逻辑的封装层,负责接受用户请求,从数据层获取数据,并对数据进行处理,将处理结果交给表示层显示。

数据层:作为数据的存储与维护层,负责数据的管理。本系统数据层采用 Microsoft 的 Enterprise Library 2.0 中的 Data Access Application Block(简称 DAAB)模块,通过在业务层引用 Enterprise Library 2.0 中的 dll 来实现。

采用分层设计的体系架构,能够实现分离关注、松散耦合、逻辑复用和标准定义。

2. 功能模块

系统各个页面功能的具体描述如表 10-1 所示。

表 10-1 系统页面描述

功能模块	文件名	功能描述
公共模块	/Shop. master	母版页
	/Global. asax	全局操作
	/web. config	配置文件
系统管理模块	/Login. aspx	用户登录
	/Logout. aspx	用户注销
商店信息管理模块	/ShopBrowse. aspx	浏览商店信息
	/ShopAdd. aspx	添加商店信息
	/ShopMaintain. aspx	维护商店信息
	/ShopQuery. aspx	查询商店信息
商品信息管理模块	/ProductBrowse. aspx	浏览商品信息
	/ProductAdd. aspx	添加商品信息
	/ProductMaintain. aspx	维护商品信息
	/ProductQuery. aspx	查询商品信息
销售信息管理模块	/SaleBrowse. aspx	浏览销售信息
	/SaleMaintain. aspx	维护销售信息
	/SaleQuery. aspx	查询销售信息
	/SaleSummary. aspx	汇总销售信息

3. 数据库设计

详见本书实验一、实验二。

三、平台简介

系统的实现主要基于 Visual Studio 2008 平台,应用 C#语言、.NET 框架及 ADO.NET 对象模型。

1. Visual Studio 2008

Visual Studio 2008 是 Microsoft 推出的最新集成开发环境(IDE),支持 Windows

Forms、XML Web 服务、NET 组件、可移动式应用程序和 ASP. NET 应用程序的开发。利用此 IDE 可以共享工具且有助于创建混合语言解决方案，使应用程序可以使用不同的语言共同开发。另外，这些语言利用了. NET Framework 的功能，通过此框架可简化 ASP Web 应用程序和 XML Web Services 的开发。

. NET Framework 是一个框架，支持 C♯、VB. NET、VC. NET 等许多语言。该框架支持多种应用程序开发，除了典型的 Web 应用程序、Windows 应用程序和控制台应用程序，还支持 Web 服务、Windows 服务等各种类型的应用程序。由于其强大的功能特性和方便易用性，. NET Framework 已经得到越来越广泛的应用。

2. C♯ 语言

C♯ 语言源于 C 和 C++，是微软专门为. NET 设计的语言。C♯ 不但结合了 C++ 语言的灵活性和 Java 语言的简洁性，还吸取了 Delphi 和 Visual Basic 所具有的易用性。因此，C♯ 是一种使用简单、功能强大、表达力丰富的全新语言。C♯ 提高了开发者的效率，同时也致力于消除编程中可能导致严重结果的错误。C♯ 使 C/C++ 程序员可以快速地进行网络开发，同时也保持了开发者所需要的强大性和灵活性。

3. ADO. NET

（1）ADO. NET 对象模型。

在. NET 平台下，应用程序一般通过 ADO. NET 对象模型访问数据库。ADO. NET 是. NET 应用程序的数据访问模型，能用于访问关系型数据库。

相对以前的 ADO 技术而言，ADO. NET 引入了一些重大变化和革新，专门用于结构松散的、非连接的 Web 应用程序。其中一个重要变化就是用 DataTable、DataSet、DataAdapter 和 DataReader 对象的组合代替了 ADORecordset 对象。其主要的 4 个核心对象如表 10-2 所示。

表 10-2　核心连接对象描述

对　　象	说　　明
Connection	建立与特定数据源的连接
Command	对数据源执行命令行
DataReader	从数据源中读取只读的数据流
DataAdapter	用数据源填充 DataSet 并解析更新

（2）. NET 数据提供程序。

. NET 数据提供程序是类的集合，用于与特定的数据存储通信，其实质就是数据源与应用程序的桥梁，只不过这些. NET 数据提供程序都有一定的标准，实现了 Connection、Command、DataReader 和 DataAdpter 等相同的基类。目前，. NET 数据提供程序主要有 4 个，如表 10-3 所示。

（3）命名空间。

每个. NET 数据提供程序都有自己的命名空间，也都是 System. Data 命名空间的子集。这些命名空间如表 10-4 所示。

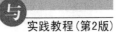

表 10-3　.NET 数据提供程序

提 供 程 序	描　　述
SQL. Server. NET Framework 数据提供程序	用于使用 SQL Server 7.0 或更高版本的中间层应用程序、使用 Microsoft 数据引擎或 SQL Server 7.0 或更高版本的单层应用程序
OLE DB. NET Framework 数据提供程序	用于使用 SQL Server 7.0 或较早版本的中间层应用程序，或任何支持 OLE DB. NET Framework 数据提供程序所使用的 OLE DB 接口中所列 OLE DB 接口的 OLE DB 提供程序
ODBC. NET Framework 数据提供程序	用于使用 ODBC 数据源的中间层应用程序、单层应用程序
Oracle. NET Framework 数据提供程序	用于使用 Oracle 数据源的中间层应用程序、单层应用程序

表 10-4　.NET 数据提供程序的命名空间

命 名 空 间	说　　明
System. Data. SqlClient	包含了 SQL Server . NET 数据供应器类型
System. Data. OleDb	包含了 OLE DB. NET 数据供应器类型
System. Data. Odbc	包含了 ODBC. NET 数据供应器类型
System. Data	包含了独立于供应器的类型，如 DataSet 及 DataTable

这些命名空间中，每个. NET 数据提供程序都提供了 Connection、Command、DataReader 和 DataAdpter 对象的实现。每个. NET 数据提供程序实现的对象都有特定的前缀，比如，SqlClient 实现的对象的名称都有前缀"Sql"，其 Connection 对象的实现就是 SqlConnection。

（4）常用对象。

在 ADO. NET 对象模型中，常用的对象有：

① DataSet 对象。

DataSet 是 ADO. NET 结构的主要组件，它是从数据源中检索到的数据在内存中的缓存。DataSet 是一个用于表示数据集合的独立实体，可通过多层应用程序的不同层由一个组件传递到另一组件，同时也可以作为 XML 数据流被序列化，因而非常适合不同类型平台间的数据传输。ADO. NET 使用 DataAdpter 对象为 DataSet 和底层数据源的数据建立通道。DataSet 的常用属性和方法分别如表 10-5 和表 10-6 所示。

表 10-5　DataSet 的常用属性

属　　性	说　　明
CaseSensitive	获取或设置一个值，指示 DataTable 对象中的字符串比较是否区分大小写
DataSetName	获取或设置当前 DataSet 的名称
DefaultViewManager	获取 DataSet 所包含的数据的自定义视图，以进行筛选、搜索和导航
EnforceConstraints	获取或设置一个值，指示在尝试执行任何更新操作时是否遵循约束规则
ExtendedProperties	获取与 DataSet 相关的自定义用户信息的集合
HasErrors	获取一个值，指示在此 DataSet 中的任何 DataTable 对象中是否存在错误
Locale	获取或设置用于比较表中字符串的区域设置信息
Namespace	获取或设置 DataSet 的命名空间
Prefix	获取或设置一个 XML 前缀，该前缀是 DataSet 的命名空间的别名

属　　性	说　　明
Relations	获取用于将表链接起来并允许从父表浏览到子表的关系的集合
Site	已重写。获取或设置 DataSet 的 System. ComponentModel. ISite
Tables	获取包含在 DataSet 中的表的集合

表 10-6　DataSet 的常用方法

方　　法	说　　明
Clear	通过移除所有标准的所有行来清除任何数据的 DataSet
Clone	复制 DataSet 的结构,包含所有 DataTable 架构、关系和约束。不要复制任何数据
Copy	复制该 DataSet 的结构和数据
GetChanges	已重载。获取 DataSet 的副本,该副本包含自上次加载以来或自调用 AcceptChanges 以来对该数据集进行的所有更改
GetXml	返回存储在 DataSet 中数据的 XML 表示形式
GetXmlSchema	返回存储在 DataSet 中数据的 XML 表示形式的 XSD 架构
HasChanges	已重载。获取一个值,该值指示 DataSet 是否有更改,包括新增行、已删除的行或已修改的行
InferXmlSchema	已重载。将 XML 架构应用于 DataSet
Merge	已重载。将指定的 DataSet、DataTable 或 DataRow 对象的数组合并到当前的 DataSet 或 DataTable 中
ReadXml	已重载。将 XML 架构和数据读入 DataSet
ReadXmlSchema	已重载。将 XML 架构读入 DataSet
RejectChanges	回滚自创建 DataSet 以来或上次调用 DataSet. AcceptChanges 以来对 DataSet 进行的所有更改
Reset	将 DataSet 重载为其初始状态。子类应重写 Reset,以便将 DataSet 还原到其原始状态
WriteXml	已重载。从 DataSet 写 XML 数据,还可以选择写构架
WriteXmlSchema	已重载。写 XML 架构形式的 DataSet 结构

② Data Table 对象。

DataTable 是 ADO. NET 库中的核心对象。DataTable 的常用属性和方法分别如表 10-7 和表 10-8 所示。

表 10-7　DataTable 的常用属性

属　　性	说　　明
CaseSensitive	指示表中的字符串比较是否区分大小写
Column	获取属于该表的列的集合
DataSet	获取该表所属的 DataSet
DefaultView	获取可能包括筛选视图或游标位置的表的自定义视图
Rows	获取属于该表的行的集合
TableName	获取或设置 DataTable 的名称

表 10-8 **DataTable 的常用方法**

属　　性	说　　明
AcceptChanges	提交自上次调用 AcceptChanges 以来对该表进行的所有更改
Clear	清除所有数据
GetChanges	已重载。获取 DataTable 的副本,该副本包含自上次加载以来对该数据集进行的所有更改
NewRow	创建与该表具有相同架构的新 DataRows
Select	已重载。获取 DataRow 对象的数组

③ DataRow 对象。

DataRow 和 DataColumn 对象是 DataTable 的主要组件,使用 DataRow 对象及其属性和方法来检索、插入、删除和更新 DataTable 中的值。DataRowCollection 表示 DataTable 中的实际 DataRow 对象。若要创建新的 DataRow,则需要使用 DataTable 对象的 NewRow 方法,然后使用 Add 方法将新的 Dataow 添加到 DataRowCollection 中。

(5) 访问数据库。

要访问数据库,需要先打开数据库连接,然后使用 Command 对象等执行数据库操作,需要注意的是,打开数据库连接后需要及时关闭。

① 连接到数据源。

在 ADO. NET 中,可以使用 Connection 对象来连接到指定的数据源。以下代码说明了如何创建和打开与 SQL Server 数据库的连接:

```
sqlConnection windConn = new sqlConnection("Data Source = localhost;
Integrated Security = SSPI; Initial Catalog = northwind");
nwindConn. open;
```

使用完 Connection 后应调用 Connection 对象的 Close 或 Dispose 方法,将数据库连接关闭。

② Command 对象。

建立了与数据源的连接后,可以使用 Command 对象来执行命令并从数据源中返回结果。创建 Command 对象有两种方法:一是使用 Command 构造函数;二是使用 Connection 的 CreatCommand 方法。以下代码说明了如何设置 Command 对象的格式,以便从 Northwind 数据库中返回 Categories 的列表:

```
//创建 sqlConnection 对象
sqlConnection nwindConn = new sqlConnection("Data Source = localhost; Integrated Security =
SSPI; Initial Catalog = northwind");
//打开数据库连接
nwindConn. open;
//创建 SQL 语句的 sqlCommand
sqlCommand catMD = new sqlCommand ( " SELSCT CategoryID, CategoryName from Categories",
nwindconn);
//执行 SQL 语句
```

```
DataSet ds = catCMD.ExecuteNonQuery();
```

当 Command 对象用于存储过程时，可以将 Command 对象的 CommandType 属性设置为 StoredProcedure。当 CommandType 为 StoredProcedure 时，可以使用 Command 的 Parameters 属性来访问输入及输出参数和返回值。无论调用哪一个 Execute 方法，都可以访问 Parameters 属性。需要注意的是，当调用 ExecuteReader 时，在 DataReader 关闭之前，将无法访问返回值和输出参数，因为在 DataReader 关闭之前 SqlConnection 对象都处于等待状态。

③ DataReader 对象。

ADO.NET DataReader 对象主要从数据库中检索只读的数据流。查询结果在查询执行时返回，并且存储在客户端的网络缓冲区中，直到使用 DataReader 的 Reader 方法对它们发出请求。使用 DataReader 可以提供应用程序的性能，因为一旦数据可用，DataReader 方法就立即检索该数据，而不是返回查询的全部结果。在默认情况下，该方法一次只在内存中存储一行，从而降低了系统开销。

当使用 SqlDataReader 时，与其关联的 SqlConnection 处于等待状态，等待 SqlDataReader 关闭，在此期间不能对 SqlConnection 执行其他任何操作。当 sqlDataReader 关闭后，只能调用 IsClosed 和 RecordsAffected 属性。尽管也可以在 SqlDataReader 存在时随时访问 RecordAffected 属性，但始终应该在返回 RecordAffected 值之前调用 Close 方法以关闭 SqlDataReader，以确保返回值是正确的。

使用 DataReader 对象的 Read 方法可从查询结果中获取行。通过向 DataReader 传递列的名称或序号，就可以访问返行的指定列。下面的代码示例将循环访问一个 DataReader 对象，并从每个行中返回两个列：

```
If(myReader.HasRows)
  While (myReader.Read())
    Console.WriteLine(" ",myReader.GetInt32(0),myReader.GetString(1));
  Else
    Console.WriteLine("No rows returned.");
  myReader.Close();
```

四、系统实现

1. 公共模块

（1）母版页。

母版页是包含标记和控件的页面，这些标记和控件可以让站点中的多个页面共享。本系统中的母版页主要定义了前台的基本结构，从网页布局上看，主要分为上、中、下三个部分。其中上部分包括系统标题及菜单，中间部分则由各页面根据其页面特点来组织显示数据信息，下部分显示版权等信息，如图 10-1 所示。

（2）公共类。

① WebHelp 类。

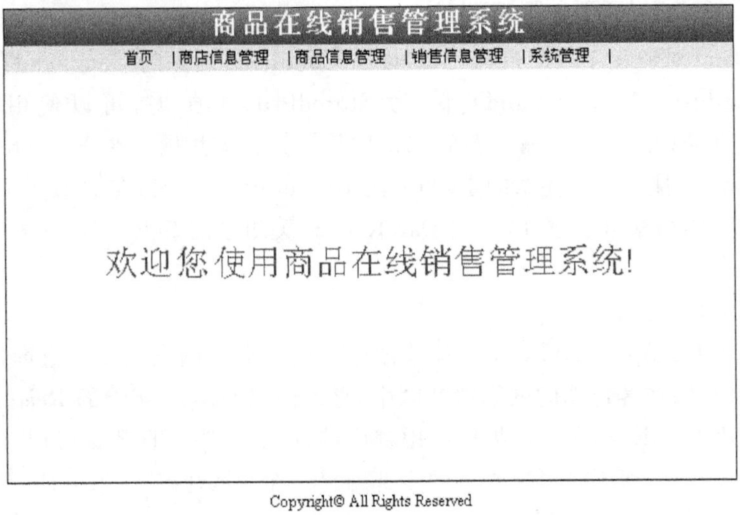

图 10-1　母版页

　　将页面经常用到的一些方法封装成类,这样方便各个页面的调用,主要的功能有弹出提示、页面刷新、显示系统当前用户等。代码如下:

```
public class WebHelper
{
    public WebHelper(){ }

    public static void Alert(string sMessage)
    { HttpContext.Current.Response.Write
        ("<script>alert(' " + sMessage + "' );</script>");}

    public static void AlertAndRefresh(string sMessage)
    { HttpContext.Current.Response.Write
        ("<script>alert(' " + sMessage + "' );location.href=location.href</script>"); }

    public static void Refresh()
    { HttpContext.Current.Response.Write
        ("<script>location.href=location.href</script>");}

    public static void AlertAndRedirect(string sMessage, string sURL)
    { HttpContext.Current.Response.Write
        ("<script>alert(' " + sMessage + "' );location.href=' " + sURL + "' </script>");}

    public static void AlertAndClose(string sMessage)
    { HttpContext.Current.Response.Write
        ("<script>alert(' " + sMessage + "' );window.opener=null;window.close()</script>");}

    public static void ExecJS(string sMessage)
    { HttpContext.Current.Response.Write
        ("<script>" + sMessage + "</script>");}

    public static string GetPcAccount()
    { return HttpContext.Current.User.Identity.Name;}

    public static string GetCurrentUser()
    {
        string userName = HttpContext.Current.Session["UserName"] == null ?
            "" : HttpContext.Current.Session["UserName"].ToString();
        if (0 == userName.Length)
        { userName = HttpContext.Current.Request.QueryString["UserName"] == null ?
            "" : HttpContext.Current.Request.QueryString["UserName"]; }
        return userName;
    }
}
```

② DataHelper 类。

该类主要用于重复利用业务类,减少业务类实例化过程中的资源消耗和时间消耗。实现的方法就是:对于每个业务类,定义一个私有和一个公有的业务对象属性,在获取公有属性时,先检查私有属性的业务对象是否为空,如果为空则实例化,否则直接返回该私有的业务对象。本系统中包括 User、Shop、Product 三个业务类。代码如下:

```csharp
public class DataHelper
{
    //用户
    private static volatile eshop.User _user = null;
    public static eshop.User User()
    {
        if (_user == null)
        {
            lock (typeof(User))
            { if (_user == null)
              { _user = new User(); }
            }
        }
        return _user;
    }
    //商店
    private static volatile eshop.Shop _shop = null;
    public static eshop.Shop Shop()
    {
        if (_shop == null)
        {
            lock (typeof(Shop))
            { if (_shop == null)
              { _shop = new Shop(); }
            }
        }
        return _shop;
    }
    //商品
    private static volatile eshop.Product _product = null;
    public static eshop.Product Product()
    {
        if (_product == null)
        {
            lock (typeof(Product))
            {if (_product == null)
             { _product = new Product(); }
            }
        }
        return _product;
    }
}
```

2. 系统管理模块

(1) 用户登录。

① 单击"用户登录"选项进入 UserLogin. aspx 页面进行登录,如图 10-2 所示。

② 单击"登录"按钮,调用表示层 Login 类的 btnLogin_Click()方法进行密码校验,代码如下:

```csharp
//登录校验
protected void btnLogin_Click(object sender, EventArgs e)
{   string username = tbUserName.Text;
    string userpassword = tbUserPassWord.Text;
    if ( DataHelper.User().Login(username, userpassword))
```

```
    {
        Response.Redirect("Default.aspx");
    }
    else
    {
        WebHelper.AlertAndRedirect("登录失败！", "Login.aspx");
    }
}
```

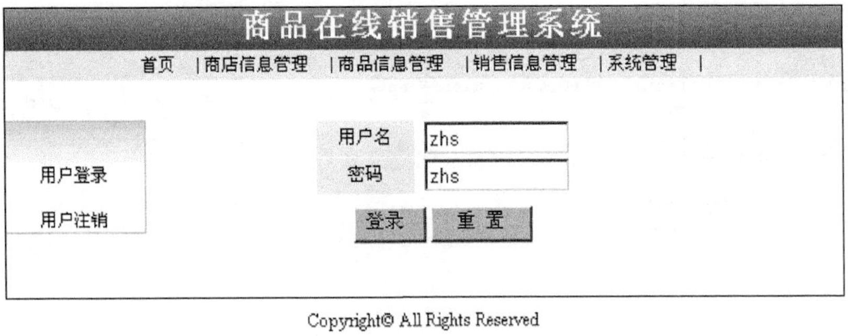

图 10-2 用户登录

③ 表示层调用数据层 User 类的 Login()方法。代码如下：

```
//用户登录，登录成功在Session中记录当前用户的UserName
public bool Login(string username, string userpassword)
{   Database db = DatabaseFactory.CreateDatabase();
    string strSql = "select * from user where UserName='" +
        username + "' and UserPassword='" + userpassword + "' ";
    DbCommand cmd = db.GetSqlStringCommand(strSql);
    IDataReader dataReader = db.ExecuteReader(cmd);
    if (dataReader.Read())
    { HttpContext.Current.Session["UserName"] =
                dataReader["UserName"].ToString().Trim();
      return true;
    }
    else
    { return false;  }
}
```

(2) 用户注销。

① 单击"用户注销"选项，进入系统主页面 Default.aspx。

② 调用表示层 Login 类的 btnLogout_Click()方法使用户 Session 失效。代码如下：

```
//登录注销
protected void btnLogout_Click(object sender, EventArgs e)
{
    Session["UserName"] = null;
    Response.Redirect("Default.aspx");
}
```

3. 商店信息管理模块

以普通用户身份登录后，可进行商店信息的浏览和查询，以管理员身份登录可进行商店信息的维护，包括添加、删除、修改商店信息。

（1）商店浏览。

① 单击"商店浏览"选项，进入商店浏览页面 ShopBrowse. aspx，如图 10-3 所示。

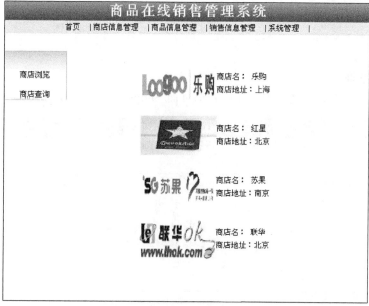

图 10-3 商店浏览

② 该页面加载时首先调用表示层 ShopBrowse 类的 Page_Load()方法，实现商店信息与 gvShop 控件的绑定，显示所有商店信息。代码如下：

```
//页面加载
protected void Page_Load(object sender, EventArgs e)
{
    if (!IsPostBack)
    {
        SetBind();
    }
}

//数据绑定
protected void SetBind()
{
    gvShop.DataSource = DataHelper.Shop().GetShop();
    gvShop.DataBind();
}
```

③ 表示层调用数据层 Shop 类的 GetShop()方法，从数据库中获取所有商店信息。代码如下：

```
//得到所有商店列表
public DataTable GetShop()
{
    DataSet ds = new DataSet();
    string strSql = "select * from Shop";
    Database db = DatabaseFactory.CreateDatabase();
    DbCommand cmd = db.GetSqlStringCommand(strSql);
    try
```

```
    {
        ds = db.ExecuteDataSet(cmd); ;
    }
    catch (Exception ex)
    {
        throw ex;
    }
    return ds.Tables[0];
}
```

(2) 商店查询。

① 单击"商店查询"选项,进入商店查询页面 ShopQuery.aspx,如图 10-4 所示。

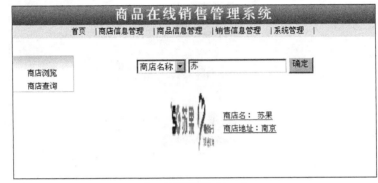

图 10-4　商店查询

② 在下拉列表中选择按商店号或商店名称查询,在文本框中输入查询的关键词,单击"确定"按钮,调用表示层 ShopQuery 类的 btnQueryShop_Click()方法。代码如下:

```
//查询商店
protected void btnQueryShop_Click(object sender, EventArgs e)
{
    string shopname = TextBox1.Text;
    eshop.Shop shop = new eshop.Shop();
    DataTable dt = shop.GetShopByName(shopname);
    if (dt.Rows.Count == 0)
    {
        WebHelper.Alert("对不起,不存在该商店!");
    }
    else
    {
        gvShop.DataSource = shop.GetShopByName(shopname);
        gvShop.DataBind();
    }
    TextBox1.Text = "";
}
```

③ 表示层调用数据层 Shop 类的 GetShopByNo()或 GetShopByName()方法,进行模糊查询,从数据库中获取查询的商店信息。代码如下:

```
//根据商店号查询
public Shop GetShopByNo(string shopno)
{
    Database db = DatabaseFactory.CreateDatabase();
    string strSql = "select * from shop where ShopNo='" + shopno + "'";
    DbCommand cmd = db.GetSqlStringCommand(strSql);
```

```
        Shop shop = null;
        using (IDataReader dataReader = db.ExecuteReader(cmd))
        {
            while (dataReader.Read())
            {
                shop = new Shop();
                shop.ShopNo = dataReader["ShopNo"].ToString().Trim();
                shop.ShopName = dataReader["ShopName"].ToString().Trim();
                shop.ShopAddress = dataReader["ShopAddress"].ToString().Trim();
                shop.ShopImage = dataReader["ShopImage"].ToString().Trim();
            }
        }
        return shop;
}

//根据商店名模糊查询
public DataTable GetShopByName(string shopname)
{
    DataSet ds = new DataSet();
    string strSql = "select * from shop where ShopName like '%" +shopname+"%'";
    Database db = DatabaseFactory.CreateDatabase();
    DbCommand cmd = db.GetSqlStringCommand(strSql);
    try
    {
        ds = db.ExecuteDataSet(cmd); ;
    }
    catch (Exception ex)
    {
        throw ex;
    }
    return ds.Tables[0];
}
```

（3）商店维护。

① 以管理员身份登录，单击"商店维护"选项，进入商店维护页面 ShopMaintain. aspx，如图 10-5 所示。

图 10-5　商店维护

② 该页面加载时首先调用表示层 ShopMaintain 类的 Page_Load()方法，实现商店信息与 gvShop 控件的绑定，以列表方式显示所有商店信息。代码如下：

```
//页面加载
protected void Page_Load(object sender, EventArgs e)
{
    if (!IsPostBack)
    {  SetBind(); }
```

```
        }
    //数据绑定
    private void SetBind()
    {
        this.gvShop.DataSource = DataHelper.Shop().GetShop();
        this.gvShop.DataBind();
    }
```

③ 表示层调用数据层 Shop 类的 GetShop()方法，从数据库中获取所有商店信息。代码如下：

```
    //得到所有商店列表
    public DataTable GetShop()
    {
        DataSet ds = new DataSet();
        string strSql = "select * from Shop";
        Database db = DatabaseFactory.CreateDatabase();
        DbCommand cmd = db.GetSqlStringCommand(strSql);
        try
        {
            ds = db.ExecuteDataSet(cmd); ;
        }
        catch (Exception ex)
        {
            throw ex;
        }
        return ds.Tables[0];
    }
```

(4) 商店添加。

① 单击"添加"选项，进入商店添加页面 ShopAdd.aspx，如图 10-6 所示。

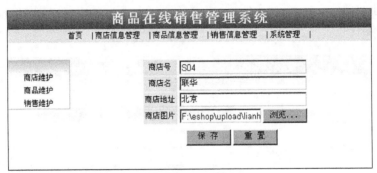

图 10-6　商店添加

② 单击"保存"按钮，调用表示层 ShopAdd 类的 btnSave_Click()方法。代码如下：

```
    //保存商店信息
    protected void btnSave_Click(object sender, EventArgs e)
    {
        eshop.Shop shop = new eshop.Shop();
        shop.ShopNo=ShopNo.Text;
        shop.ShopName = ShopName.Text;
        shop.ShopAddress = ShopAddress.Text;
        // 保存图片
        if (fileImage.HasFile)
        {
            try
            {
```

```
            fileImage.SaveAs(System.Configuration.ConfigurationSettings.
                AppSettings["UploadImages"] + fileImage.FileName);
            shop.ShopImage = fileImage.FileName;
        }
        catch (Exception ex)
        {

        }
    }
    string shopno = Convert.ToString(Request.QueryString["shopno"]);
    if (shopno == null)
    {
        try
        {
            DataHelper.Shop().Save(shop);
            WebHelper.AlertAndRedirect("商店信息保存成功！", "shopOper.aspx");
        }
        catch (Exception ex)
        {
            WebHelper.Alert(ex.Message.ToString());
        }
    }
}
```

③ 表示层调用数据层 Shop 类的 Save()方法,保存用户提交的商店信息。代码如下:

```
//添加商店信息
public void Save(Shop shop)
{
    Database db = DatabaseFactory.CreateDatabase();
    string strSql = "insert into shop values('"+shop.ShopNo+"','"+
        shop.ShopName+"','"+shop.ShopAddress+"','"+shop.ShopImage+"')";
    DbCommand cmd = db.GetSqlStringCommand(strSql);
    try
    {
        db.ExecuteNonQuery(cmd);
    }
    catch (Exception ex)
    {
        throw ex;
    }
}
```

(5) 商店修改。

① 单击"修改"选项,同样进入商店添加页面 ShopAdd.aspx,显示待修改的商店信息,如图 10-7 所示。

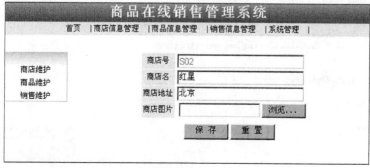

图 10-7 商店修改

② 单击"保存"按钮，调用表示层 ShopAdd 类的 btnSave_Click（）方法，保存修改的商店信息。代码如下：

```
//保存商店信息
protected void btnSave_Click(object sender, EventArgs e)
{
    eshop.Shop shop = new eshop.Shop();
    shop.ShopNo=ShopNo.Text;
    shop.ShopName = ShopName.Text;
    shop.ShopAddress = ShopAddress.Text;
    // 保存图片
    if (fileImage.HasFile)
    {
        try
        {
            fileImage.SaveAs(System.Configuration.ConfigurationSettings.
                AppSettings["UploadImages"] + fileImage.FileName);
            shop.ShopImage = fileImage.FileName;
        }
        catch (Exception ex)
        {

        }
    }
    string shopno = Convert.ToString(Request.QueryString["shopno"]);
    if (shopno != null)
    {
        try
        {
            DataHelper.Shop().Update(shop);
            WebHelper.AlertAndRedirect("商店信息修改成功！", "shopOper.aspx");
        }
        catch (Exception ex)
        {
            WebHelper.Alert(ex.Message.ToString());
        }
    }
}
```

③ 表示层调用数据层 Shop 类的 Update（）方法，保存用户修改的商店信息。代码如下：

```
//更新商店信息
public void Update(Shop shop)
{
    Database db = DatabaseFactory.CreateDatabase();
    string strSql = "update Shop set ShopName='" + shop.ShopName +
        "',ShopAddress='" + shop.ShopAddress + "',ShopImage='"+
        shop.ShopImage+ "' where ShopNo='" + shop.ShopNo + "'";
    DbCommand cmd = db.GetSqlStringCommand(strSql);
    try
    {
        db.ExecuteNonQuery(cmd);
    }
    catch (Exception ex)
    {
        throw ex;
    }
}
```

（6）商店删除。

① 在 ShopMaintain.aspx 页面中选择一个商店，单击"删除"按钮，将删除选中的商店信息，如图 10-8 所示。

图 10-8　删除商店信息

② 单击"删除"按钮,调用表示层 ShopMaintain 类的 btnDel_Click()方法。代码如下:

```
//删除商店信息
protected void btnDel_Click(object sender, EventArgs e)
{
    bool Flag;
    int i, chkCount = 0;
    for (i = 0; i < gvShop.Rows.Count; i++)
    {
        Flag = ((CheckBox)gvShop.Rows[i].FindControl("chkSel")).Checked;
        if (Flag) { chkCount++;}
    }
    if (chkCount == 0)
    {
        WebHelper.Alert("至少选择一条记录删除!");
        return;
    }
    for (i = 0; i < gvShop.Rows.Count; i++)
    {
        Flag = ((CheckBox)gvShop.Rows[i].FindControl("chkSel")).Checked;
        if (Flag)
        {DataHelper.Shop().Delete(Convert.ToString(gvShop.DataKeys[i].Value)); }
    }
    SetBind();
    WebHelper.Alert("删除成功!");
}
```

③ 表示层调用数据层 Shop 类的 Delete()方法,删除商店信息。代码如下:

```
//删除商店信息
public void Delete(String shopno)
{
    Database db = DatabaseFactory.CreateDatabase();
    string strSql = "delete from shop where ShopNo='"+shopno+ "'";
    DbCommand cmd = db.GetSqlStringCommand(strSql);
    try
    {
        db.ExecuteNonQuery(cmd);
    }
    catch (Exception ex)
    {
        throw ex;
    }
}
```

4. 商品管理模块

以普通用户身份登录后,可进行商品信息的浏览和查询,以管理员身份登录后可进行商品信息的维护,包括添加、删除、修改商品信息。

(1) 商品浏览。

① 单击"商品浏览"选项,进入商品浏览页面 ProductBrowse.aspx,如图 10-9 所示。

② 该页面加载时首先调用表示层 ProductBrowse 类的 Page_Load()方法,实现商品信息与 gvProduct 控件的绑定,显示所有商品信息。代码如下:

```
//加载页面
protected void Page_Load(object sender, EventArgs e)
{
    if (!IsPostBack)
    {
        SetBind();
    }
```

```
}
//数据绑定
protected void SetBind()
{
    gvProduct.DataSource = DataHelper.Product().GetProduct();
    gvProduct.DataBind();
}
```

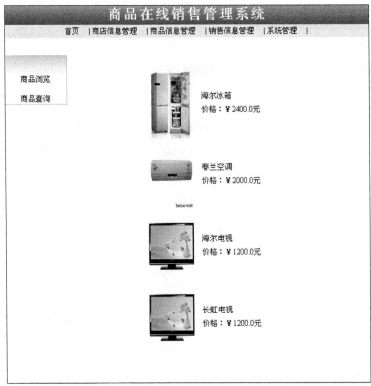

图 10-9 商品浏览

③ 表示层调用数据层 Product 类的 GetProduct()方法,从数据库中获取所有商品信息。代码如下:

```
//得到所有商品列表
public  DataTable GetProduct()
{
    DataSet ds = new DataSet();
    string strSql = "select * from Product";
    Database db = DatabaseFactory.CreateDatabase();
    DbCommand cmd = db.GetSqlStringCommand(strSql);
    try
    {
        ds = db.ExecuteDataSet(cmd); ;
    }
    catch (Exception ex)
    {
        throw ex;
    }
    return ds.Tables[0];
}
```

（2）商品查询。

① 单击"商品查询"选项，进入商品查询页面 ProductQuery.aspx，如图 10-10 所示。

图 10-10　商品查询

② 在下拉列表中选择按商品号或商品名称查询，在文本框中输入查询的关键词，单击"确定"按钮，调用表示层 ProductQuery 类的 btnQueryProduct_Click()方法。代码如下：

```
//查询商品信息
protected void btnQueryProduct_Click(object sender, EventArgs e)
{
    string proname = TextBox1.Text;
    Product product = new Product();
    DataTable dt = product.GetProductByName(proname);
    if (dt.Rows.Count == 0)
    {
        WebHelper.Alert("对不起，不存在该商品！");
    }
    else
    {
        gvProduct.DataSource = product.GetProductByName(proname);
        gvProduct.DataBind();
    }
    TextBox1.Text = "";
}
```

③ 表示层调用数据层 Product 类的 GetProductByNo()或 GetProductByName()方法，进行模糊查询，从数据库中获取查询的商品信息。代码如下：

```
//根据商品号查询
public  Product GetProductByNo(string prono)
{
    Database db = DatabaseFactory.CreateDatabase();
    string strSql = "select * from product where ProNo='" + prono + "' ";
    DbCommand cmd = db.GetSqlStringCommand(strSql);
    Product product = null;
    using (IDataReader dataReader = db.ExecuteReader(cmd))
```

```
    {
        while (dataReader.Read())
        {
            product = new Product();
            product.ProNo = dataReader["ProNo"].ToString().Trim();
            product.ProName = dataReader["ProName"].ToString().Trim();
            product.ProPrice = Convert.ToDouble(dataReader["ProPrice"]);
            product.ProImage = dataReader["ProImage"].ToString().Trim();
        }
    }
    return product;
}
//根据商品名模糊查询
public DataTable GetProductByName(string proname)
{
    DataSet ds = new DataSet();
    string strSql = "select * from Product where ProName like '%" +proname+"%' ";
    Database db = DatabaseFactory.CreateDatabase();
    DbCommand cmd = db.GetSqlStringCommand(strSql);
    try
    {
        ds = db.ExecuteDataSet(cmd); ;
    }
    catch (Exception ex)
    {
        throw ex;
    }
    return ds.Tables[0];
}
```

(3) 商品维护。

① 以管理员身份登录,单击"商品维护"选项,进入商品维护页面 ProductMaintain. aspx,
如图 10-11 所示。

Copyright© All Rights Reserved

图 10-11　商品维护

② 该页面加载时首先调用表示层 ProductMaintain 类的 Page_Load()方法,实现商品
信息与 gvProduct 控件的绑定,并以列表方法显示所有商品信息。代码如下:

```
//页面加载
protected void Page_Load(object sender, EventArgs e)
{
    if (!IsPostBack)
    {
        SetBind();
    }
}
```

```
//数据绑定
private void SetBind()
{
    this.gvProduct.DataSource = DataHelper.Product().GetProduct();
    this.gvProduct.DataBind();
}
```

③ 表示层调用数据层 Product 类的 GetProduct（）方法，从数据库中获取所有商品信息。代码如下：

```
//得到所有商品列表
public  DataTable GetProduct()
{
    DataSet ds = new DataSet();
    string strSql = "select * from Product";
    Database db = DatabaseFactory.CreateDatabase();
    DbCommand cmd = db.GetSqlStringCommand(strSql);
    try
    {
        ds = db.ExecuteDataSet(cmd); ;
    }
    catch (Exception ex)
    {
        throw ex;
    }
    return ds.Tables[0];
}
```

（4）商品添加。

① 单击"添加"选项，进入商品添加页面 ProductAdd.aspx，如图 10-12 所示。

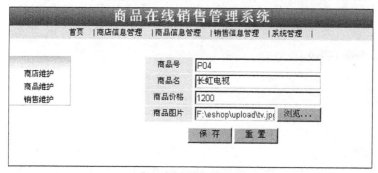

图 10-12　商品添加

② 单击"保存"按钮，调用表示层 ProductAdd 类的 btnSave_Click（）方法。代码如下：

```
//保存商品信息
protected void btnSave_Click(object sender, EventArgs e)
{
    Product product = new Product();
    product.ProNo= ProNo.Text;
    product.ProName = ProName.Text;
    product.ProPrice= Convert.ToDouble(ProPrice.Text);
    // 保存图片
    if (fileImage.HasFile)
    {
        try
        {
```

```
        fileImage.SaveAs(System.Configuration.ConfigurationSettings.
            AppSettings["UploadImages"] + fileImage.FileName);
        product.ProImage = fileImage.FileName;
    }
    catch (Exception ex)
    {

    }
}
string prono = Convert.ToString(Request.QueryString["prono"]);
if (prono == null)
{
    try
    {
        DataHelper.Product().Save(product);
        WebHelper.AlertAndRedirect("商品信息保存成功！", "ProductOper.aspx");
    }
    catch (Exception ex)
    {
        WebHelper.Alert(ex.Message.ToString());
    }
}
}
```

③ 表示层调用数据层 Product 类的 Save()方法,保存用户提交的商品信息。代码如下：

```
//添加商品信息
public void Save(Product product)
{
    Database db = DatabaseFactory.CreateDatabase();
    string strSql = "insert into product values('"+product.ProNo+"','"+
        product.ProName+"','"+product.ProPrice+"','"+product.ProImage+"')";
    DbCommand cmd = db.GetSqlStringCommand(strSql);
    try
    {
        db.ExecuteNonQuery(cmd);
    }
    catch (Exception ex)
    {
        throw ex;
    }
}
```

（5）商品修改。

① 单击"修改"选项,同样进入商品添加页面 ProductAdd.aspx,显示待修改的商品信息,如图 10-13 所示。

图 10-13　商品修改

② 单击"保存"按钮，调用表示层 ProductAdd 类的 btnSave_Click（）方法，保存修改后的商品信息。代码如下：

```
//保存商品信息
protected void btnSave_Click(object sender, EventArgs e)
{
    Product product = new Product();
    product.ProNo= ProNo.Text;
    product.ProName = ProName.Text;
    product.ProPrice= Convert.ToDouble(ProPrice.Text);
    // 保存图片
    if (fileImage.HasFile)
    {
        try
        {
            fileImage.SaveAs(System.Configuration.ConfigurationSettings.
                AppSettings["UploadImages"] + fileImage.FileName);
            product.ProImage = fileImage.FileName;
        }
        catch (Exception ex)
        {

        }
    }
    string prono = Convert.ToString(Request.QueryString["prono"]);
    if (prono != null)
    {
        try
        {
            DataHelper.Product().Update(product);
            WebHelper.AlertAndRedirect("商品信息修改成功！", "ProductOper.aspx");
        }
        catch (Exception ex)
        {
            WebHelper.Alert(ex.Message.ToString());
        }
    }
}
```

③ 表示层调用数据层 Product 类的 Update()方法，保存用户修改后的商品信息。代码如下：

```
//更新商品信息
public void Update(Product product)
{
    Database db = DatabaseFactory.CreateDatabase();
    string strSql = "update product set ProName='" + product.ProName +
        "',ProPrice=" + product.ProPrice + ",ProImage='" +
        product.ProImage + "' where ProNo='" + product.ProNo + "'";
    DbCommand cmd = db.GetSqlStringCommand(strSql);
    try
    {
        db.ExecuteNonQuery(cmd);
    }
    catch (Exception ex)
    {
        throw ex;
    }
}
```

（6）商品删除。

① 在 ProductMaintain.aspx 页面中选择商品，单击"删除"按钮，将删除选中的商品信息，如图 10-14 所示。

图 10-14 商品删除

② 单击"删除"按钮，调用表示层 ProductMaintain 类的 btnDel_Click（）方法，删除商品信息。代码如下：

```
//删除商品信息
protected void btnDel_Click(object sender, EventArgs e)
{
    bool Flag;
    int i, chkCount = 0;
    for (i = 0; i < gvProduct.Rows.Count; i++)
    {
        Flag = ((CheckBox)gvProduct.Rows[i].FindControl("chkSel")).Checked;
        if (Flag)
        {chkCount++;}
    }
    if (chkCount == 0)
    {
        WebHelper.Alert("至少选择一条记录删除！");
        return;
    }
    for (i = 0; i < gvProduct.Rows.Count; i++)
    {
        Flag = ((CheckBox)gvProduct.Rows[i].FindControl("chkSel")).Checked;

        if (Flag)
        {
            DataHelper.Product().Delete(Convert.ToString(gvProduct.DataKeys[i].Value));
        }
    }
    SetBind();
    WebHelper.Alert("删除成功！");
}
```

③ 表示层调用数据层 Product 类的 Delete（）方法。代码如下：

```
//删除商品信息
public void Delete(String prono)
{
    Database db = DatabaseFactory.CreateDatabase();
    string strSql = "delete from product where ProNo='"+prono+"'";
    DbCommand cmd = db.GetSqlStringCommand(strSql);
    try
    {
        db.ExecuteNonQuery(cmd);
    }
    catch (Exception ex)
    {
        throw ex;
    }
}
```

5. 销售信息管理模块

以普通用户身份登录后，可进行销售浏览、销售查询和销售汇总，以管理员身份登录可进行销售信息的维护。

（1）销售浏览。

① 单击"销售浏览"选项，进入页面 SaleBrowse. aspx，显示所有商店的销售信息，如图 10-15 所示。

② 该页面加载时首先调用表示层 SaleBrowse 类的 Page_Load（）方法，实现销售信息与 gvSale 控件的绑定，显示所有商店的销售信息。代码如下：

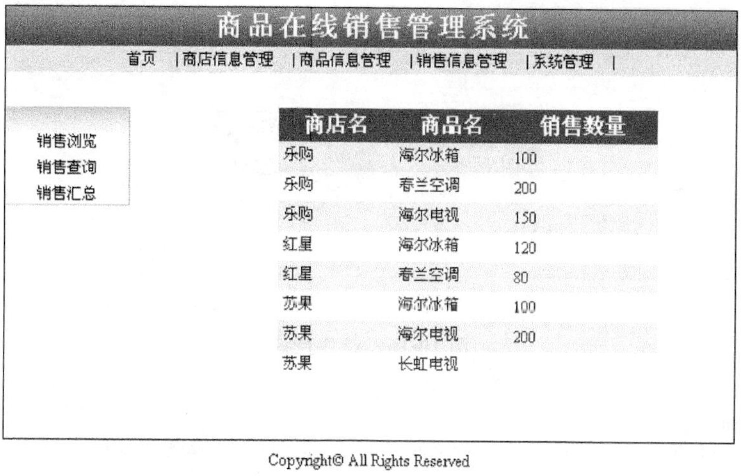

图 10-15　销售浏览

```
//加载页面
protected void Page_Load(object sender, EventArgs e)
{
    if (!IsPostBack)
    {
        gvSale.DataSource = DataHelper.Product().GetSaleDetail();
        gvSale.DataBind();
    }
}
```

③ 表示层调用数据层 Sale 类的 GetSaleDetail()方法,从数据库中获取所有商店的销售信息。代码如下:

```
//查询所有商店的销售情况
public DataTable GetSaleDetail()
{
    DataSet ds = new DataSet();
    string strSql = "select ShopName,ProName,Amount from"+
    "Shop,Product,SP where Shop.ShopNo=SP.ShopNo and Product.ProNo=SP.ProNo";
    Database db = DatabaseFactory.CreateDatabase();
    DbCommand cmd = db.GetSqlStringCommand(strSql);
    try
    {
        ds = db.ExecuteDataSet(cmd); ;
    }
    catch (Exception ex)
    {
        throw ex;
    }
    return ds.Tables[0];
}
```

(2) 销售查询。

① 单击"销售查询"选项,进入销售查询页面 SaleQuery.aspx,如图 10-16 所示。

② 在第一个下拉列表中选择按商店查询,在第二个下拉列表中显示所有的商店;在第一个下拉列表中选择按商品查询,在第二个下拉列表中显示所有的商品。调用表示层 SaleQuery 类的 ddlType_SelectedIndexChanged ()方法。代码如下:

图 10-16　销售查询

```
//按商店或商品查询
protected void ddlType_SelectedIndexChanged(object sender, EventArgs e)
{
    if (ddlType.SelectedValue.ToString() == "1")
    { SetBindShop(); }
    else
    {SetBindProduct();}
}
//数据绑定
protected void SetBindShop()
{
    ddlName.DataSource = DataHelper.Shop().GetShop();
    ddlName.DataValueField = "ShopNo";
    ddlName.DataTextField = "ShopName";
    ddlName.DataBind();
}

//数据绑定
protected void SetBindProduct()
{
    ddlName.DataSource = DataHelper.Product().GetProduct();
    ddlName.DataValueField = "ProNo";
    ddlName.DataTextField = "ProName";
    ddlName.DataBind();
}
```

③ 在第二个下拉列表中选择商店将显示该商店的销售信息,选择商品则显示该商品的销售信息。代码如下:

```
//查询某个商店或商品的销售情况
protected void ddlName_SelectedIndexChanged(object sender, EventArgs e)
{
    if (ddlType.SelectedValue.ToString() == "1")
    {
        string shopno = ddlName.SelectedValue.ToString();
        gvSale.DataSource = DataHelper.Sale().GetSaleByShop(shopno);
        gvSale.DataBind();
    }
    else
    {
        string prono = ddlName.SelectedValue.ToString();
        gvSale.DataSource = DataHelper.Product().GetSaleByProduct(prono);
        gvSale.DataBind();
    }
}
```

④ 表示层调用数据层 Sale 类的 GetSaleByShop()和 GetSaleByProduct()方法,从数据库中获取销售信息。代码如下:

```
//查询某个商店的销售情况
public DataTable GetSaleByShop(string shopno)
{
    DataSet ds = new DataSet();
    string strSql = "select Product.ProNo, ProName, Amount"+
        "from Product,SP where Product.ProNo=SP.ProNo and SP.ShopNo='"+shopno+"' ";
    Database db = DatabaseFactory.CreateDatabase();
    DbCommand cmd = db.GetSqlStringCommand(strSql);
    try
    {
        ds = db.ExecuteDataSet(cmd); ;
    }
    catch (Exception ex)
    {
        throw ex;
    }
    return ds.Tables[0];
}
//查询某个商品的销售情况
public DataTable GetSaleByProduct(string prono)
{
    DataSet ds = new DataSet();
    string strSql = "select Shop.ShopNo, ShopName, Amount" +
        "from Shop,SP where Shop.ShopNo=SP.ShopNo and SP.ProNo='" + prono + "' ";
    Database db = DatabaseFactory.CreateDatabase();
    DbCommand cmd = db.GetSqlStringCommand(strSql);
    try
    {
        ds = db.ExecuteDataSet(cmd); ;
    }
    catch (Exception ex)
    {
        throw ex;
    }
    return ds.Tables[0];
}
```

（3）销售汇总。

① 单击"销售汇总"选项，进入销售汇总页面 SaleSummary.aspx，如图 10-17 所示。

图 10-17　销售汇总

② 该页面加载时首先调用表示层 Sale 类的 Page_Load()方法，实现销售汇总信息与 gvSale 控件的绑定，默认按销售总数量升序排序。代码如下：

```
//加载页面
protected void Page_Load(object sender, EventArgs e)
{
    if (!IsPostBack)
    {
```

```
        gvSale.DataSource = DataHelper.Product().GetSaleSummary("asc");
        gvSale.DataBind();
    }
}
```

③ 单击"降序"复选项,调用表示层 Sale 类的 chkOrder_CheckedChanged()方法,实现降序排列。代码如下:

```
//按销售数量升序或降序排序
protected void chkOrder_CheckedChanged(object sender, EventArgs e)
{
    if (this.chkOrder.Checked)
    {
        gvSale.DataSource = DataHelper.Product().GetSaleSummary("desc");
        gvSale.DataBind();
    }
    else
    {
        gvSale.DataSource = DataHelper.Product().GetSaleSummary("asc");
        gvSale.DataBind();
    }
}
```

④ 表示层调用数据层 Sale 类的 GetSaleSummry()方法,从数据库中获取所有商店的销售汇总信息并排序。代码如下:

```
//查询商店的销售汇总情况,并排序
public DataTable GetSaleSummary(String order)
{
    DataSet ds = new DataSet();
    string strSql = "select ShopName, sum(Amount) SumAmount from"+
        "Shop, Product, SP where Shop.ShopNo=SP.ShopNo and Product.ProNo=SP.ProNo"+
        "group by ShopName order by SumAmount "+order;
    Database db = DatabaseFactory.CreateDatabase();
    DbCommand cmd = db.GetSqlStringCommand(strSql);
    try
    {
        ds = db.ExecuteDataSet(cmd); ;
    }
    catch (Exception ex)
    {
        throw ex;
    }
    return ds.Tables[0];
}
```

(4) 销售维护。

① 以管理员身份登录,单击"销售维护"选项,进入销售维护页面 SaleMaintain.aspx,如图 10-18 所示。

② 该页面加载时首先调用表示层 SaleMaintain 类的 Page_Load()方法,实现销售信息与 gvSale 控件的绑定,并以列表方法显示所有销售信息。代码如下:

```
//页面加载
protected void Page_Load(object sender, EventArgs e)
{
    if (!IsPostBack)
    {
        SetBind();
    }
}
//数据绑定
```

```
private void SetBind()
{
    eshop.Sale sale = new eshop.Sale();
    this.gvSale.DataSource = sale.GetSale();
    this.gvSale.DataBind();
}
```

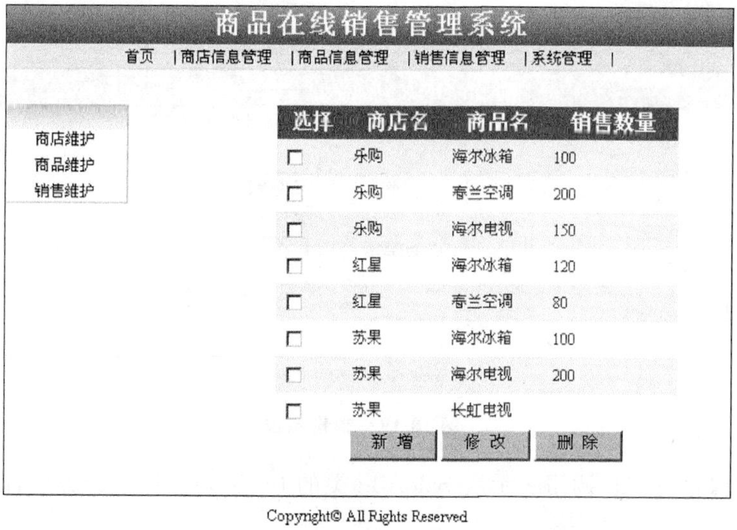

图 10-18 销售维护

③ 表示层调用数据层 Sale 类的 GetSale()方法,从数据库中获取所有销售信息。代码如下:

```
//得到所有销售信息
public  DataTable GetSale()
{
    DataSet ds = new DataSet();
    string strSql = "select * from Product,Shop,SP Where"
        +"Product.ProNo=SP.ProNo and Shop.ShopNo=SP.ShopNo";
    Database db = DatabaseFactory.CreateDatabase();
    DbCommand cmd = db.GetSqlStringCommand(strSql);
    try
    {
        ds = db.ExecuteDataSet(cmd); ;
    }
    catch (Exception ex)
    {
        throw ex;
    }
    return ds.Tables[0];
}
```

(5) 销售添加。

① 单击"新增"选项,进入销售添加页面 SaleAdd. aspx,如图 10-19 所示。

② 该页面加载时首先调用表示层 SaleAdd 类的 Page_Load()方法,以下拉列表方法显示所有商店及商品信息。代码如下:

```
//页面加载
protected void Page_Load(object sender, EventArgs e)
{
```

```
ddlShop.DataSource = DataHelper.Shop().GetShop();
ddlShop.DataValueField = "ShopNo";
ddlShop.DataTextField = "ShopName";
ddlShop.DataBind();
ddlProduct.DataSource = DataHelper.Product().GetProduct();
ddlProduct.DataValueField = "ProNo";
ddlProduct.DataTextField = "ProName";
ddlProduct.DataBind();
}
```

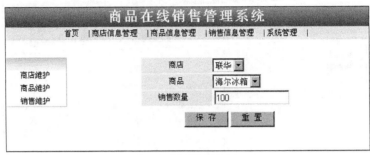

图 10-19 销售添加

③ 单击"保存"按钮,调用表示层 SaleAdd 类的 btnSave_Click()方法保存输入的销售信息。代码如下:

```
protected void btnSave_Click(object sender, EventArgs e)
{
    try
    {
        String shopno = ddlShop.SelectedValue.ToString();
        String prono = ddlProduct.SelectedValue.ToString();
        int amount = Convert.ToInt32(tbAmount.Text);
        eshop.Sale sale = new eshop.Sale();
        sale.Save(shopno, prono, amount);
        WebHelper.AlertAndRedirect("销售信息保存成功!", "SaleMaintain.aspx");
    }
    catch (Exception ex)
    {
        WebHelper.Alert(ex.Message.ToString());
    }
}
```

④ 表示层调用数据层 Sale 类的 Save()方法,保存用户提交的销售信息。代码如下:

```
//添加销售信息
public void Save(String shopno, String prono, int amount)
{
    Database db = DatabaseFactory.CreateDatabase();
    string strSql = "insert into SP values('"+shopno+"','"+prono+"',"+amount+")";
    DbCommand cmd = db.GetSqlStringCommand(strSql);
    try
    {
        db.ExecuteNonQuery(cmd);
    }
    catch (Exception ex)
    {
        throw ex;
    }
}
```

（6）销售修改。

① 单击"修改"选项，同样进入销售添加页面 SaleAdd. aspx，显示待修改的销售信息，如图 10-20 所示。

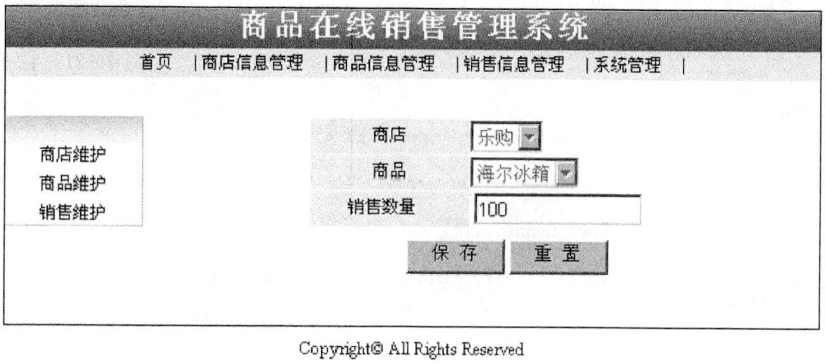

图 10-20　销售修改

② 单击"保存"按钮，调用表示层 SaleAdd 类的 btnSave_Click（）方法，保存修改后的销售信息。代码如下：

```
//保存销售信息
protected void btnSave_Click(object sender, EventArgs e)
{
    string shopno = Convert.ToString(Request.QueryString["shopno"]);
    string prono = Convert.ToString(Request.QueryString["prono"]);
    int amount = Convert.ToInt32(tbAmount.Text);
    try
    {
        eshop.Sale sale = new eshop.Sale();
        sale.Save(shopno, prono, amount);
        WebHelper.AlertAndRedirect("销售信息修改成功！", "SaleMaintain.aspx");
    }
    catch (Exception ex)
    {
        WebHelper.Alert(ex.Message.ToString());
    }
}
```

③ 表示层调用数据层 Sale 类的 Update（）方法，保存用户修改后的销售信息。代码如下：

```
//更新销售信息
public void Update(String shopno, String prono, int amount)
{
    Database db = DatabaseFactory.CreateDatabase();
    string strSql = "update SP set Amount=" + amount +
        "where ShopNo='"+shopno+"' and ProNo='" + prono + "' ";
    DbCommand cmd = db.GetSqlStringCommand(strSql);
    try
    {
        db.ExecuteNonQuery(cmd);
    }
    catch (Exception ex)
    {
        throw ex;
    }
}
```

(7) 销售删除。

① 在 SaleMaintain. aspx 页面中选择一行,单击"删除"按
钮,将删除选中的销售信息,如图 10-21 所示。

② 单击"确定"按钮,调用表示层 SaleMaintain 类的
btnDel_Click ()方法,删除销售信息。代码如下:

图 10-21　销售删除

```
//删除销售信息
protected void btnDel_Click(object sender, EventArgs e)
{
    bool Flag;
    int i, chkCount = 0;
    for (i = 0; i < gvSale.Rows.Count; i++)
    {
        Flag = ((CheckBox)gvSale.Rows[i].FindControl("chkSel")).Checked;
        if (Flag)
        {
            chkCount++;
        }
    }
    if (chkCount == 0)
    {
        WebHelper.Alert("至少选择一条记录删除!");
        return;
    }
    for (i = 0; i < gvSale.Rows.Count; i++)
    {
        Flag = ((CheckBox)gvProduct.Rows[i].FindControl("chkSel")).Checked;

        if (Flag)
        {
            eshop.Sale sale = new eshop.Sale();
            sale.Delete(Convert.ToString(gvSale.DataKeys[i].Value));
        }
    }
    SetBind();
    WebHelper.Alert("删除成功!");
}
```

③ 表示层调用数据层 Sale 类的 Delete ()方法。代码如下:

```
//删除销售信息
public void Delete(String shopno, String prono)
{
    Database db = DatabaseFactory.CreateDatabase();
    string strSql = "delete from SP where ShopNo='"+
            shopno+ "' and Prono='"+prono+"'";
    DbCommand cmd = db.GetSqlStringCommand(strSql);
    try
    {
        db.ExecuteNonQuery(cmd);
    }
    catch (Exception ex)
    {
        throw ex;
    }
}
```

基于J2EE的商品销售管理系统

一、需求分析

本系统主要包括以下几个模块：

1. 公共模块

公共模块包括通用页面和数据访问类。

2. 系统管理模块

系统管理模块包括用户注册、登录、注销等功能。

3. 商店信息管理模块

商店信息管理模块包括商店信息的浏览、查询、添加、删除和修改等功能。

4. 商品信息管理模块

商品信息管理模块包括商品信息的浏览、查询、添加、删除和修改等功能。

5. 销售信息管理模块

销售信息管理模块包括销售信息的浏览、查询、添加、删除和修改等功能。

二、系统设计

1. 系统架构

系统采用三层架构，分为表示层、业务层、数据层。

表示层：作为用户的接口层，负责与整个系统交互，利用 JSP 页面、标签库、Web 控件、JavaScript、CSS、JQuery 等技术实现。

业务层：作为业务逻辑的封装层，负责接受用户请求，从数据层获取

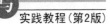

数据,并对数据进行处理,将处理结果交给表示层显示。

数据层:作为数据的存储与维护层,负责数据的管理。通过封装 JDBC API 提供的类和方法,实现数据库的基本操作。

采用分层设计的体系架构,能够实现松散耦合、逻辑复用和标准定义,原理如图 11-1 所示。

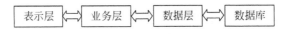

图 11-1 系统架构

2. 功能模块

系统各层的具体功能描述如表 11-1、表 11-2 和表 11-3 所示。

表 11-1 表示层描述

功能模块	文件名	功能描述
系统管理模块	/UserLogin.jsp	用户登录
	/UserLogout.jsp	用户注销
商店信息管理模块	/ShopBrowse.jsp	浏览商店信息
	/ShopAdd.jsp	添加商店信息
	/ShopList.jsp	维护商店信息
	/ShopBrowse.jsp? Para	查询商店信息
商品信息管理模块	/ProductBrowse.jsp	浏览商品信息
	/ProductAdd.jsp	添加商品信息
	/ProductList.jsp	维护商品信息
	/ProductBrowse.jsp? Para	查询商品信息
销售信息管理模块	/SaleBrowse.jsp	浏览销售信息
	/SaleAdd.jsp	添加销售信息
	/SaleList.aspx	维护销售信息
	/SaleBrowse.jsp? Para	查询销售信息

表 11-2 业务层描述

功能模块	类名	功能描述
用户信息管理模块	/UserAction.java	用户信息控制类
商店信息管理模块	/ShopAction.java	商店信息控制类
商品信息管理模块	/ProductAction.java	商品信息控制类
销售信息管理模块	/SaleAction.java	销售信息控制类

表 11-3 数据层描述

功能模块	类名	功能描述
用户信息管理模块	/UserDAO.java	用户信息访问类
商店信息管理模块	/ShopDAO.java	商店信息访问类
商品信息管理模块	/ProductDAO.java	商品信息访问类
销售信息管理模块	/SaleDAO.java	销售信息访问类

3. 类的设计

（1）模型类。

模型类为简单的Java对象类POJO（Plain Old Java Objects），它封装了类的基本属性和set/get方法，本系统主要包括以下几个类：

① User.java。

```
                    ⊖ User
 ○ username : String
 ○ password : String
 ● getUsername () : String
 ● setUsername (username : String)
 ● getPassword () : String
 ● setPassword (password : String)
```

② Shop.java。

```
                    ⊖ Shop
 ○ ShopNo : String
 ○ ShopName : String
 ○ ShopAddress : String
 ○ ShopImage : String
 ● getShopNo () : String
 ● setShopNo (shopNo : String)
 ● getShopName () : String
 ● setShopName (shopName : String)
 ● getShopAddress () : String
 ● setShopAddress (shopAddress : String)
 ● getShopImage () : String
 ● setShopImage (shopImage : String)
```

③ Product.java。

```
                    ⊖ Product
 ○ ProNo : String
 ○ ProName : String
 ○ ProPrice : double
 ○ ProImage : String
 ● getProNo () : String
 ● setProNo (proNo : String)
 ● getProName () : String
 ● setProName (proName : String)
 ● getProPrice () : double
 ● setProPrice (proPrice : double)
 ● getProImage () : String
 ● setProImage (proImage : String)
```

④ Sale. java。

```
┌─────────────────────────────────┐
│           Ⓖ Sale                │
├─────────────────────────────────┤
│ ○ ShopNo : String               │
│ ○ ProNo : String                │
│ ○ Amount : int                  │
├─────────────────────────────────┤
│ ● getShopNo () : String         │
│ ● setShopNo (shopNo : String)   │
│ ● getProNo () : String          │
│ ● setProNo (proNo : String)     │
│ ● getAmount () : int            │
│ ● setAmount (amount : int)      │
└─────────────────────────────────┘
```

(2) 控制类。

控制类负责业务层的逻辑控制,也是用户请求和业务操作之间的桥梁,本系统主要包括以下几个类:

① UserAction. java。

```
┌─────────────────────────────────┐
│        Ⓖ UserAction             │
├─────────────────────────────────┤
│ ○ user : User                   │
├─────────────────────────────────┤
│ ● getUser () : User             │
│ ● setUser (user : User)         │
│ ● execute () : String           │
│ ● UserLogin () : String         │
└─────────────────────────────────┘
```

② ShopAction. java。

```
┌────────────────────────────────────────┐
│          Ⓖ ShopAction                  │
├────────────────────────────────────────┤
│ ○ Shop : Shop                          │
│ ○ shopno : String                      │
│ ○ shopaddress : String                 │
│ ○ task : String                        │
│ ○ Shops : ArrayList<Shop>              │
├────────────────────────────────────────┤
│ ● getShops () : ArrayList              │
│ ● setShops (Shops : ArrayList)         │
│ ● getTask () : String                  │
│ ● setTask (task : String)              │
│ ● getShopno () : String                │
│ ● setShopno (shopno : String)          │
│ ● getShopaddress () : String           │
│ ● setShopname (shopaddress : String)   │
│ ● getShop () : Shop                     │
│ ● setShop (Shop : Shop)                │
│ ● ShopList () : String                 │
│ ● ShopAdd () : String                  │
│ ● ShopEdit () : String                 │
│ ● ShopDel () : String                  │
│ ● ShopQuery () : String                │
└────────────────────────────────────────┘
```

③ ProductAction. java。

```
                    ⊙ ProductAction
─────────────────────────────────────────────
 ○  product  : Product
 ○  prono  : String
 ○  proname  : String
 ○  task  : String
 ○  products  : ArrayList<Product>
─────────────────────────────────────────────
 ●  getProducts () : ArrayList
 ●  setProducts (products : ArrayList)
 ●  getTask () : String
 ●  setTask (task : String)
 ●  getProno () : String
 ●  setProno (prono : String)
 ●  getProname () : String
 ●  setProname (proname : String)
 ●  getProduct () : Product
 ●  setProduct (product : Product)
 ●  ProductList () : String
 ●  ProductAdd () : String
 ●  ProductEdit () : String
 ●  ProductDel () : String
 ●  ProductQuery () : String
```

④ SaleAction. java。

```
                    ⊙ SaleAction
─────────────────────────────────────────────
 ○  sale  : Sale
 ○  task  : String
 ○  sales  : ArrayList<Sale>
 ○  shopno  : String
 ○  prono  : String
─────────────────────────────────────────────
 ●  getShopno () : String
 ●  setShopno (shopno : String)
 ●  getProno () : String
 ●  setProno (prono : String)
 ●  getSales () : ArrayList
 ●  setSales (sales : ArrayList)
 ●  getSale () : Sale
 ●  setSale (sale : Sale)
 ●  execute () : String
 ●  getTask () : String
 ●  setTask (task : String)
 ●  SaleList () : String
 ●  SaleQuery () : String
 ●  SaleAdd () : String
 ●  SaleEdit () : String
 ●  SaleDel () : String
```

(3) 数据访问类。

① 数据库访问类。

```
                    ⊖ DBOper
┌──────────────────────────────────────────────────────┐
○ driver : String = com.microsoft.sqlserver.jdbc.SQLServerDriver
○ dbURL : String = jdbc:sqlserver://localhost:1433; DatabaseName=eshop
○ username : String = sa
○ password : String = abc123
○ conn : Connection
○ stmt : Statement
○ rs : ResultSet
├──────────────────────────────────────────────────────┤
● exeQuery(sql : String, ) : ResultSet
● exeUpdate(sql : String)
└──────────────────────────────────────────────────────┘
```

② 用户信息访问类。

```
         ⊖ UserDAO
┌────────────────────────┐
○ user : User
├────────────────────────┤
● getUser() : User
● setUser(user : User)
● UserLogin() : boolean
└────────────────────────┘
```

③ 商店信息访问类。

```
             ⊖ ShopDAO
┌────────────────────────────────────────┐
○ Shop : Shop
├────────────────────────────────────────┤
● getShop() : Shop
● setShop(Shop : Shop)
● ShopList() : ArrayList
● ShopQuery(ShopAddress : String, ) : ArrayList
● ShopAdd()
● ShopDel(ShopNo : String)
● ShopUpdate()
● GetShop(ShopNo : String, ) : Shop
└────────────────────────────────────────┘
```

④ 商品信息访问类。

```
              ⊖ ProductDAO
┌────────────────────────────────────────┐
○ product : Product
├────────────────────────────────────────┤
● getProduct() : Product
● setProduct(product : Product)
● ProductList() : ArrayList
● ProductQuery(proname : String, ) : ArrayList
● ProductAdd()
● ProductDel(prono : String)
● ProductUpdate()
● GetProduct(prono : String, ) : Product
└────────────────────────────────────────┘
```

⑤ 销售信息访问类。

```
ⓒ SaleDAO
○ sale : Sale
● getSale() : Sale
● setSale(sale : Sale)
● SaleList() : ArrayList
● SaleQuery(shopno : String, prono : String, ) : ArrayList
● SaleAdd()
● SaleDel(ShopNo : String, ProNo : String)
● SaleUpdate()
● GetSale(ShopNo : String, ProNo : String, ) : Sale
```

4．数据库设计

详见本书实验一、实验二。

三、开发平台简介

系统基于 J2EE 平台,应用 Java 语言、JSP 技术和 Struts 框架实现。

1．J2EE 平台

J2EE 是一套不同于传统应用开发的技术架构,包含许多组件,以简化和规范应用系统的开发与部署,进而提高可移植性、安全与再用价值。J2EE 核心是一组技术规范与指南,其中包含的各类组件、服务架构及技术层次,均有共同的标准及规格,让各种依循 J2EE 架构的不同平台之间存在良好的兼容性,解决了过去企业后端产品之间无法兼容的问题。J2EE平台由一整套服务、应用程序接口和协议构成,对开发基于 Web 的多层应用提供了功能支持。

2．Java 语言

Java 是一种简单的、跨平台的、面向对象的、分布式的编程语言,是 Sun Microsystems公司于 1995 年 5 月推出的 Java 程序设计语言和 Java 平台的总称。Java 技术具有卓越的通用性、高效性、平台移植性和安全性,广泛应用于多个领域。Java 平台由 Java 虚拟机(Java Virtual Machine,JVM)和 Java 应用编程接口(Application Programming Interface,API)构成。Java 分为三个体系：J2SE(Java2 Platform Standard Edition,Java 平台标准版)、J2EE(Java 2 Platform,Enterprise Edition,Java 平台企业版)和 J2ME(Java 2 Platform Micro Edition,Java 平台微型版)。

3．JSP 技术

JSP 全名为 Java Server Pages,本质是一个简化的 Servlet 设计,是由 Sun Microsystems 公司倡导、许多公司参与建立的一种动态网页技术标准。JSP 技术类似于 ASP 技术,是在传统的网页 HTML 文件(＊.htm,＊.html)中插入 Java 程序段(Scriptlet)和 JSP 标记(tag),
从而形成 JSP 文件,后缀名为.jsp。用 JSP 开发的 Web 应用是跨平台的,既能在 Linux 下
运行,也能在其他操作系统上运行。JSP(JavaServer Pages)是一种动态页面技术,它的主要
目的是将表示逻辑从 Servlet 中分离出来。

4. Struts 框架

Struts 是 Apache 基金会 Jakarta 项目组的一个 Open Source 项目,属于一个表现层的
开发框架,采用 MVC 模式,能够帮助 Java 开发者利用 J2EE 开发 Web 应用。Struts 面向
对象设计,分离显示逻辑和业务逻辑,减弱了业务逻辑接口和数据接口之间的耦合。
Structs 框架的核心是一个弹性控制层,基于如 Java Servlets、JavaBeans、ResourceBundles
与 XML 等标准技术。Struts 由一组相互协作的类(组件)、Servlet 以及 jsp tag lib 组成,
Struts 框架具有组件的模块化、灵活性和重用性等优点,简化了基于 MVC 的 Web 应用程
序的开发。

四、开发平台搭建

1. JDK 安装

JDK(Java Development Kit)是 Java 语言的软件开发工具包(SDK),安装步骤如下:
(1) 从甲骨文公司的官方网站下载 JDK 的安装包,根据不同的操作系统选择不同的版
本。本系统下载 JDK 7.0,双击 JDK 安装包,出现如图 11-2 所示的安装界面。

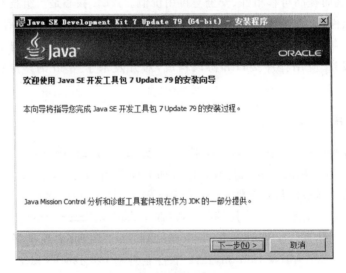

图 11-2 初始安装界面

(2) 单击"下一步"按钮,出现如图 11-3 所示的定制安装对话框。
(3) 单击"下一步"按钮,出现如图 11-4 所示的安装路径对话框。
(4) 单击"下一步"按钮,出现如图 11-5 所示的安装进度对话框。

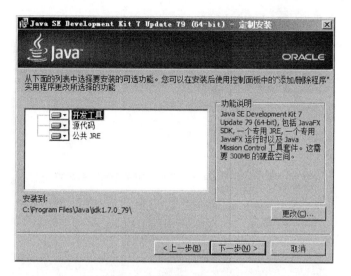

图 11-3　定制安装对话框

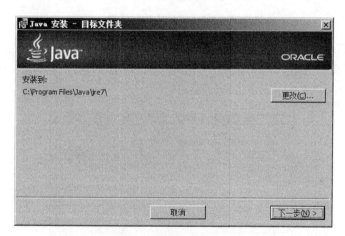

图 11-4　安装路径对话框

图 11-5　安装进度提示窗口

（5）单击"下一步"按钮，出现如图 11-6 所示的安装成功对话框。

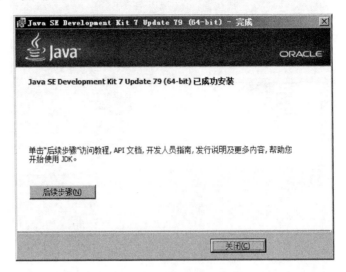

图 11-6　安装成功对话框

（6）右击 Windows 8 左下角的"开始"图标，选择"系统"命令，单击"高级系统设置"按钮，再单击"环境变量"按钮，出现如图 11-7 所示的"环境变量"对话框，设置 Java 环境变量 JAVA_HOME= C:\Program Files\Java\jdk1.7.0。

图 11-7　"环境变量"对话框

2. MyEclipse 安装

MyEclipse 是在 Eclipse 基础上加上插件开发而成的功能强大的企业级集成开发环境，主要用于 Java、Java EE 以及移动应用的开发。安装步骤如下：

（1）从 MyEclipse 官网下载软件，双击安装包，出现如图 11-8 所示的安装界面。

（2）单击 Next 按钮，出现如图 11-9 所示的安装授权许可对话框。

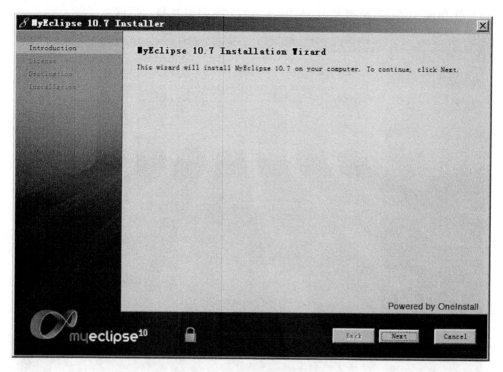

图 11-8　MyEclipse 安装界面

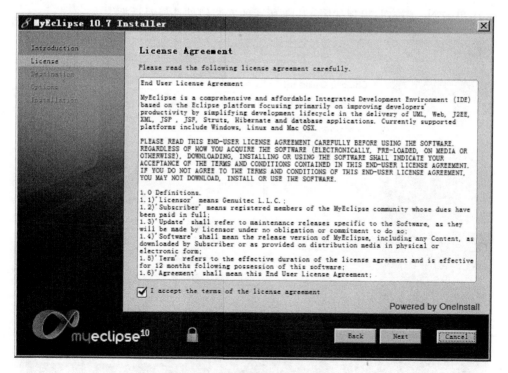

图 11-9　安装授权许可对话框

(3) 单击 Next 按钮,出现如图 11-10 所示的安装目录选择对话框。

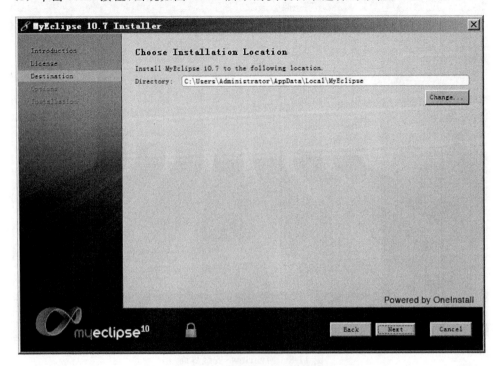

图 11-10　安装目录选择对话框

(4) 单击 Next 按钮,出现如图 11-11 所示的安装组件选择对话框。

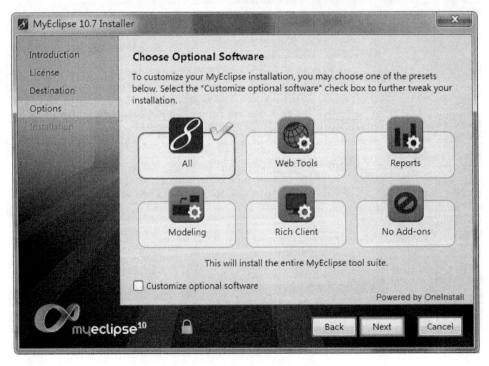

图 11-11　安装组件选择对话框

（5）单击 Next 按钮，出现如图 11-12 所示的安装架构选择对话框。

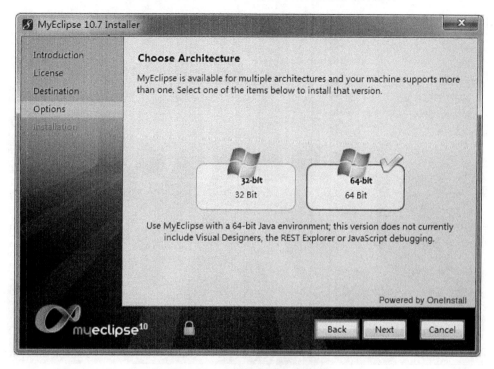

图 11-12　安装架构选择对话框

（6）单击 Next 按钮，出现如图 11-13 所示的安装进度对话框。

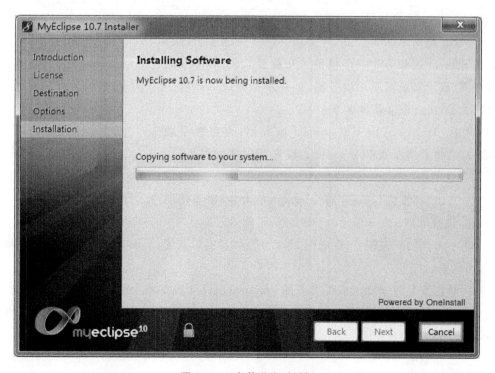

图 11-13　安装进度对话框

(7) 单击 Next 按钮,出现如图 11-14 所示的安装完成对话框。

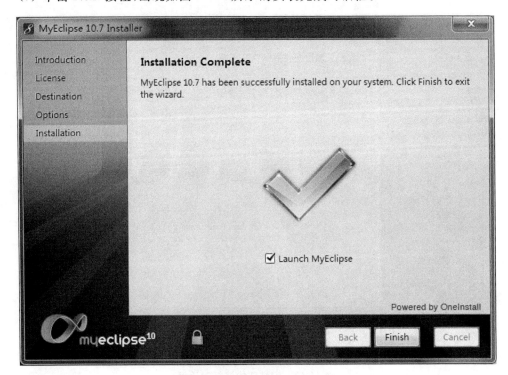

图 11-14　安装完成对话框

3. Tomcat 安装

Tomcat 是由 Apache、Sun 等公司共同开发的一个核心项目。Tomcat 服务器是一个免费的开放源代码的 Web 应用服务器,属于轻量级应用服务器,是开发和调试 JSP 程序的首选。Tomcat 安装步骤如下:

(1) 从 Apache 官网下载 tomcat 服务器,本系统下载tomcat7.0,将其解压到 F:\\tomcat,展开后出现如图 11-15 所示的目录结构。

(2) 右击"计算机",单击"属性"命令,单击"高级系统设置"按钮,出现如图 11-16 所示的"环境变量"对话框。

(3) 单击"新建"按钮,出现如图 11-17 所示的"编辑系统变量"对话框。

(4) 单击安装目录/bin 文件夹下的 startup. bat,启动 Tomcat 服务器。然后在浏览器地址栏中输入 http://localhost:8080,若出现如图 11-18 所示的 Tomcat 首页,表示 Tomcat 服务器安装成功。

```
bin
conf
lib
logs
temp
webapps
work
LICENSE
NOTICE
RELEASE-NOTES
RUNNING.txt
```

图 11-15　Tomcat 目录结构

图 11-16 "环境变量"对话框

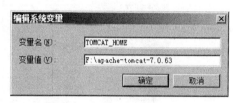

图 11-17 "编辑系统变量"对话框

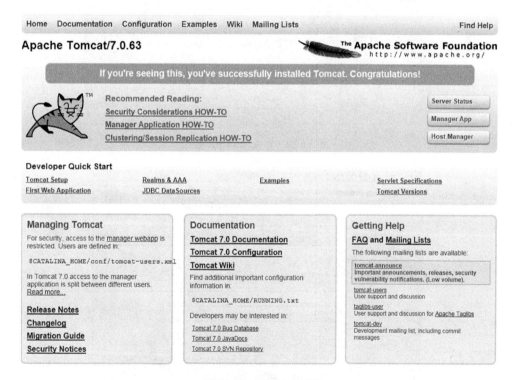

图 11-18 Tomcat 首页

五、系统实现

1. 新建项目

（1）启动 MyEclipse，依次单击 File→New→Web Project 命令，创建一个 Web 项目，如图 11-19 所示。

（2）在如图 11-20 所示的窗口中，输入项目名称 eshop，选择 Java EE 6.0，单击 Finish 按钮。

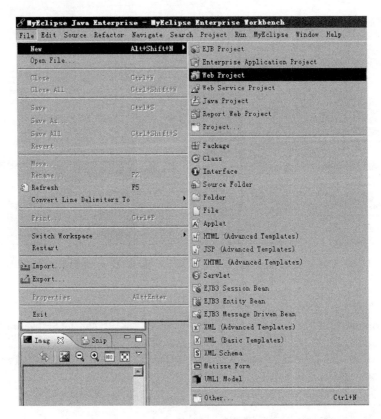

图 11-19　新建 Web Project

图 11-20　输入 Project Name

（3）项目创建完成后，在 MyEclipse 开发平台中出现如图 11-21 所示的目录结构。

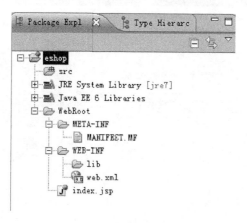

图 11-21　项目目录结构

（4）右击 eshop 项目，依次选择 MyEclipse→Add Struts Capabilities 命令，如图 11-22 所示。

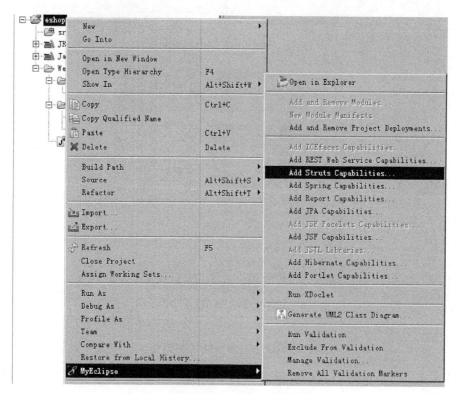

图 11-22　Add Struts Capabilities-step1

（5）在弹出的窗口中，Struts Specification 选择 Struts 2.1，URL pattern 选择 ∗.do，如图 11-23 所示。单击 Finish 按钮完成 Struts 框架的配置。

（6）在 **src** 文件夹下依次建立 action、dao、model 共 3 个 Java Package，最终的项目目录结构如图 11-24 所示。

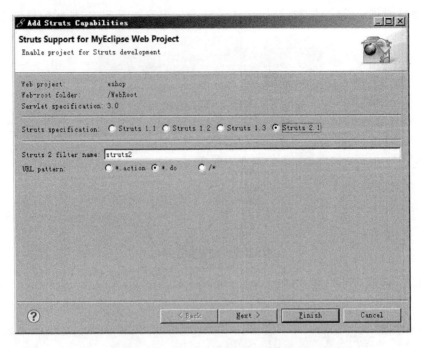

图 11-23　Add Struts Capabilities-step2

图 11-24　项目目录结构

（7）单击 MyEclipse 工具中的项目部署图标 📲 ，出现如图 11-25 所示项目部署对话框。

（8）单击 Add 按钮，出现如图 11-26 所示的 Web 服务器选择窗口。选择 Tomcat 7.0 作为项目部署的 Web 服务器，单击 Finish 按钮，完成 eshop 项目的部署。

（9）在浏览器地址栏中输入 http://localhost:8080/eshop/index.jsp，出现如图 11-27 所示的界面，表示项目成功创建，并能够部署运行。

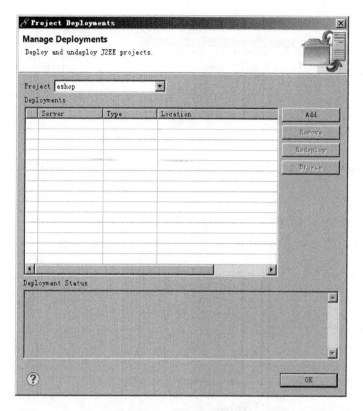

图 11-25　项目部署对话框

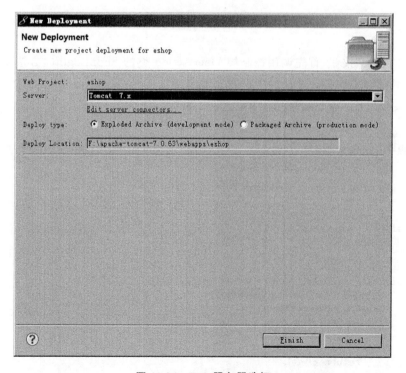

图 11-26　Web 服务器选择

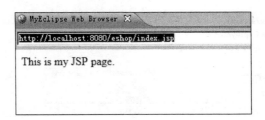

图 11-27　项目部署 Web 服务器

2. 系统信息管理模块

(1) 用户登录。

① 单击"用户登录"选项,进入用户登录页面 UserLogin. jsp,如图 11-28 所示,该页面实现用户名和密码的校验,代码如下:

```
<%@ page contentType="text/html; charset=UTF-8" %>
<%@ taglib uri="/struts-tags" prefix="s" %>
<html>
<head>
    <title>user login></title>
</head>
<body>
<s:form action="UserLogin">
    <s:textfield name="username" label="用户名" />
    <s:password name="password" label="密码" />
    <s:submit name="submit" value="登录" />
    <s:reset name="reset" value="取消" />
</s:form>
</body>
</html>
```

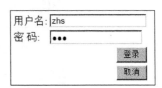

图 11-28　用户登录

② 单击"登录"按钮,首先调用控制层 UserAction 类的 ShopLogin()方法,该方法调用数据层 UserDAO 类的 UserLogin()方法,代码如下:

```
public class UserAction extends ActionSupport
{
    private User user;
    public User getUser() {
        return user;
    }
    public void setUser(User user) {
        this.user = user;
    }
    public String execute() {
        return SUCCESS;
    }
    /**登录校验*/
    public String UserLogin() throws SQLException{
        UserDAO userDAO=new UserDAO();
        userDAO.setUser(user);
        if(userDAO.UserLogin())
            return SUCCESS;
        else
            return ERROR;
    }
}
```

③ 数据层 UserDAO 类的 UserLogin()方法用于将输入的用户信息和数据库中的用户信息进行匹配,实现密码校验的功能,代码如下:

```
//登录校验方法
public boolean UserLogin() throws SQLException{
    String sql="select * from users where UserName='"+
    user.getUsername()+"' and UserPassword='"+user.getPassword()+"'";
    DBOper db=new DBOper();
    ResultSet rs=db.exeQuery(sql);
    if(rs.next())
        return true;
    else
        return false;
}
```

UserDAO 类调用两个类的方法:一个是 User.java 实体类,一个是 DBOper 数据库访问类。User.java 类代码如下:

```
package model;
public class User {
    private String username;
    private String password;

    public String getUsername() {
        return username;
    }
    public void setUsername(String username) {
        this.username = username;
    }
    public String getPassword() {
        return password;
    }
    public void setPassword(String password) {
        this.password = password;
    }
}
```

DBOper.java 类封装了数据库访问的连接和公共方法,代码如下:

```
package dao;
import java.sql.*;
public class DBOper {
    static private String driver = "com.microsoft.sqlserver.jdbc.SQLServerDriver";
    static private String dbURL = "jdbc:sqlserver://localhost:1433; DatabaseName=
            eshop";
    static private String username="sa";
    static private String password="abc123";
    private Connection conn=null;
    private Statement stmt=null;
    private ResultSet rs;

    //构造方法
    public DBOper(){
        try{
            Class.forName(driver);
            conn=DriverManager.getConnection(dbURL,username,password);
        }catch(Exception e){
            System.err.println("get connection error:"+e.getMessage( ));
```

```
                }
            }
        //执行查询
        public ResultSet exeQuery(String sql){
                try{
                        stmt=conn.createStatement();
                        rs=stmt.executeQuery(sql);
                    }catch(Exception e)
                    {
                        System.err.println("exeQuery error:"+e.getMessage());
                    }
                    return rs;
            }
        //执行更新
        public void exeUpdate(String sql){
            try{
                stmt=conn.createStatement();
                stmt.executeUpdate(sql);
                }catch(Exception e)
                {
                    System.err.println("exeUpdate error:"+e.getMessage());
                }
            }
        }
}
```

④ 在 Web/INF 目录下配置 Web. xml 文件,在 Web. xml 文件中添加以下配置代码:

```
<?xml version="1.0" encoding="UTF-8"?>
<web-app version="3.0"
    xmlns="http://java.sun.com/xml/ns/javaee"
    xmlns:xsi="http://www.w3.org/2001/XMLSchema-instance"
    xsi:schemaLocation="http://java.sun.com/xml/ns/javaee
    http://java.sun.com/xml/ns/javaee/web-app_3_0.xsd">
  <display-name></display-name>
  <welcome-file-list>
    <welcome-file>index.jsp</welcome-file>
  </welcome-file-list>
  <filter>
    <filter-name>struts2</filter-name>
    <filter-class>
        org.apache.struts2.dispatcher.ng.filter.StrutsPrepareAndExecuteFilter
    </filter-class>
  </filter>
  <filter-mapping>
    <filter-name>struts2</filter-name>
    <url-pattern>/*</url-pattern>
  </filter-mapping></web-app>
```

⑤ 在/src 目录下配置 struts. xml 文件,在 struts. xml 文件中添加以下配置代码:

```
<?xml version="1.0" encoding="UTF-8" ?>
<!DOCTYPE struts PUBLIC
    "-//Apache Software Foundation//DTD Struts Configuration 2.3//EN"
    "http://struts.apache.org/dtds/struts-2.3.dtd">
<struts>
 <package name="default" extends="struts-default">
        <action name="UserLogin" class="action.UserAction" method="UserLogin">
            <result name="success">/index.jsp</result>
            <result name="error">/error.jsp</result>
```

```
        </action>
    </package>
</struts>
```

（2）用户注销。

① 单击"用户注销"选项，进入注销页面 UserLogout.jsp。

② 调用 UserAction 类的 UserLogout()方法使用户 Session 失效，代码如下：

```
/**用户注销*/
public String UserLogout() throws SQLException{
    Map<String, Object> users = ActionContext.getContext().getSession();
    users.remove("username");
    return SUCCESS;
}
```

3. 商店信息管理模块

该模块主要包括商店信息的浏览、查询、添加、删除、修改等功能。

（1）商店浏览。

① 单击"商店浏览"选项，进入商店浏览页面 ShopBrowse.jsp，该页面通过 Struts 框架提供的标签显示所有的商店信息，代码如下：

```
<%@ page contentType="text/html; charset=UTF-8" %>
<%@ taglib uri="/struts-tags" prefix="s" %>
<%@ page import="java.util.*,dao.*,java.sql.*" %>

<jsp:include  page="top.jsp"/>
<div style="width:580px;text-align:right">
  <form action=ShopQuery>
    <input type=text name="shopaddress"/><input type=submit  value="查询商店" />
  </form>
</div>
<div style="height:20px;"></div>

<table width="580px" >
  <s:iterator value="shops" id="shop">
      <tr>
            <td rowspan=1 align="center">
                <img src="pic/<s:property value="#shop.shopImage"/>" />
            </td>
            <td align="left">
              商店名称:<s:property value="#shop.ShopName"/><br><br>
              商店地址 :<s:property value="#shop.ShopAddress"/>
            </td>
      </tr>
      <tr></tr>
  </s:iterator>
</table>
```

商店浏览页面 ShopBrowse.jsp 运行效果如图 11-29 所示。

② 该页面运行时首先调用控制层 ShopAction 类的 ShopList()方法，该方法调用数据层 ShopDAO 类的 ShopList()方法，代码如下：

图 11-29　商店浏览

```
/**商店列表*/
public String ShopList() throws SQLException{
    ShopDAO ShopDAO=new ShopDAO();
    Shops=ShopDAO.ShopList();
    return SUCCESS;
}
```

③ 数据层 ShopDAO 类的 ShopList()方法用于从数据库中获取商店信息,代码如下:

```
/**商店列表*/
public ArrayList ShopList() throws SQLException{
    String sql="select * from Shop";
    DBOper db=new DBOper();
    ResultSet rs=db.exeQuery(sql);
    ArrayList<Shop>  Shops=new ArrayList<Shop>();
    while(rs.next()){
        Shop Shop=new Shop();
        Shop.setShopNo(rs.getString("ShopNo"));
        Shop.setShopName(rs.getString("ShopName"));
        Shop.setShopAddress(rs.getString("ShopAddress"));
        Shop.setShopImage(rs.getString("ShopImage"));
        Shops.add(Shop);
    }
    return Shops;
}
```

(2) 商店查询。

① 在商店浏览页面的文本框中输入商店地址,单击“查询商店”按钮,可实现商店信息的模糊查询,如图 11-30 所示。

图 11-30　商店查询

② 单击"查询商店"按钮,调用控制层 ShopAction 类的 ShopQuery()方法,该方法调用数据层 ShopDAO 类的 ShopQuery()方法,代码如下:

```java
/**按商店地址查询商店*/
public String ShopQuery() throws SQLException, UnsupportedEncodingException{
    HttpServletRequest request = ServletActionContext.getRequest();
    request.setCharacterEncoding("utf-8");
    String name=request.getParameter("shopaddress");
    System.out.println(name);
    ShopDAO ShopDAO=new ShopDAO();
    Shops=ShopDAO.ShopQuery(name);
    return SUCCESS;
}
```

③ 数据层 ShopDAO 类的 ShopQuery()方法,根据输入的商品地址关键字,从数据库中获取相关的商店信息,代码如下:

```java
/**按商店地址查询*/
public ArrayList ShopQuery(String ShopAddress) throws SQLException{
    String sql="select * from Shop where ShopAddress like '%"+ShopAddress+"%'";
    DBOper db=new DBOper();
    ResultSet rs=db.exeQuery(sql);
    ArrayList<Shop> Shops=new ArrayList<Shop>();
    while(rs.next()){
        Shop Shop=new Shop();
        Shop.setShopNo(rs.getString("ShopNo"));
        Shop.setShopName(rs.getString("ShopName"));
        Shop.setShopAddress(rs.getString("ShopAddress"));
        Shop.setShopImage(rs.getString("ShopImage"));
        Shops.add(Shop);
    }
    return Shops;
}
```

(3) 商店维护。

① 单击"商店维护"选项,进入商店信息维护页面 ShopList.jsp,代码如下:

```
<jsp:include  page="top.jsp"/>
<div style="width:580px;text-align:right">
<input type="button"  onclick="location='ProductAdd.jsp'"  value="添加新商店"/>
</div>
<div style="height:10px;"></div>
<table class="gridtable" width="580px">
    <tr>
        <th align="center" width="10%">
            <s:text name="商品编号"/>
        </th>
        <th align="center" width="20%">
            <s:text name="商品名称"/>
        </th>
        <th align="center" width="20%">
            <s:text name="商品价格"/>
        </th>
        <th align="center" width="30%">
            <s:text name="商品照片"/>
        </th>
        <th align="center" width="20%">
            <s:text name="操作"/>
        </th>
    </tr>
    <s:iterator value="products" id="product">
        <tr>
            <td align="left">
                <s:property value="#product.ProNo"/>
            </td>
            <td align="left">
                <s:property value="#product.ProName"/>
            </td>
            <td align="center">
                ¥<s:property value="#product.ProPrice"/>
            </td>
            <td align="center">
                <img src="pic/<s:property value="#product.ProImage"/>"/>
            </td>
            <td align="center">
                <s:a href="ProductEdit.action?prono=%{#product.ProNo}">编辑</s:a>
                 
                <s:a href="ProductDel.action?prono=%{#product.ProNo}">删除</s:a>
            </td>
        </tr>
    </s:iterator>
</table>
```

商店维护页面 ShopList.jsp 运行效果如图 11-31 所示。

② 该页面加载时首先调用控制层 ShopAction 类的 ShopList()方法,该方法调用数据层 ShopDAO 类的 ShopList()方法,代码如下:

```
/**商店列表 */
public String ShopList() throws SQLException{
    ShopDAO ShopDAO=new ShopDAO();
    Shops=ShopDAO.ShopList();
    return SUCCESS;
}
```

图 11-31 商店维护

③ 数据层 ShopDAO 类的 ShopList( )方法从数据库中获取所有的商店信息,代码如下:

```
/**商店列表*/
public ArrayList ShopList() throws SQLException{
    String sql="select * from Shop";
    DBOper db=new DBOper();
    ResultSet rs=db.exeQuery(sql);
    ArrayList<Shop>  Shops=new ArrayList<Shop>();
    while(rs.next()){
        Shop Shop=new Shop();
        Shop.setShopNo(rs.getString("ShopNo"));
        Shop.setShopName(rs.getString("ShopName"));
        Shop.setShopAddress(rs.getString("ShopAddress"));
        Shop.setShopImage(rs.getString("ShopImage"));
        Shops.add(Shop);
    }
    return Shops;
}
```

(4)商店添加。

① 单击"商店信息维护"页面中的"添加新商店"按钮,进入商店添加页面 ShopAdd.jsp,如图 11-32 所示。

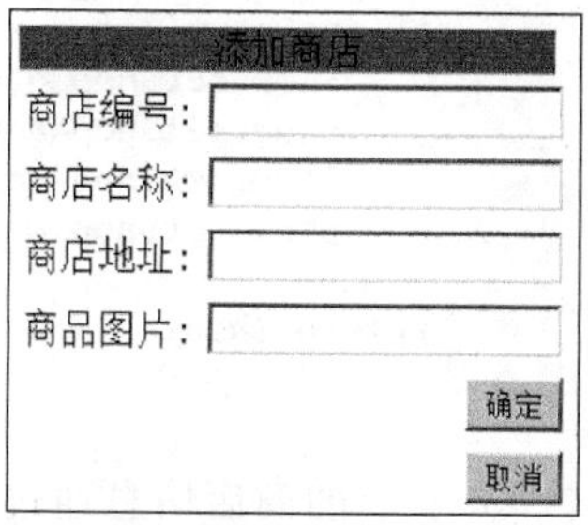

② 单击"确定"按钮,调用控制层 ShopAction 类的 ShopAdd( )方法,该方法调用数据层 ShopDAO 类的 ShopAdd( )方法,代码如下:

图 11-32 添加商店

```
/**添加商店*/
public String ShopAdd() throws SQLException{
    ShopDAO ShopDAO=new ShopDAO();
    ShopDAO.setShop(Shop);
    if(task.equals("edit"))
        ShopDAO.ShopUpdate();
    else
        ShopDAO.ShopAdd();
    return SUCCESS;
}
```

③ 数据层 ShopDAO 类的 ShopAdd()方法向数据库中插入新的商店信息，代码如下：

```
/**商店添加*/
public void ShopAdd() throws SQLException{
    String sql = "insert into Shop values('"+
                  Shop.getShopNo()+"','"+
                  Shop.getShopName()+
                  "','"+Shop.getShopAddress()+
                  "','"+Shop.getShopAddress()+"')";
    DBOper db=new DBOper();
    db.exeUpdate(sql);
}
```

（5）商店修改。

① 单击"商店信息维护"页面中的"编辑"选项，首先调用控制层 ShopAction 类的 ShopEdit()方法，该方法调用数据层 ShopDAO 类的 GetShop()方法，代码如下：

```
/**编辑商店*/
public String ShopEdit() throws SQLException{
    ShopDAO ShopDAO=new ShopDAO();
    Shop=ShopDAO.GetShop(shopno);
    setTask("edit");
    return INPUT;
}
```

② 数据层 ShopDAO 类的 GetShop()方法，根据选择的商店编码，从数据库中获取该商店的具体信息，代码如下：

```
/**商店信息*/
public Shop GetShop(String ShopNo) throws SQLException{
    String sql = "select * from  Shop where ShopNo='"+ShopNo+"'";
    DBOper db=new DBOper();
    ResultSet rs=db.exeQuery(sql);
    Shop Shop=new Shop();
    if (rs.next()){
        Shop.setShopNo(rs.getString("ShopNo"));
        Shop.setShopName(rs.getString("ShopName"));
        Shop.setShopAddress(rs.getString("ShopAddress"));
        Shop.setShopImage(rs.getString("ShopImage"));
    }
    return Shop;
}
```

③ 获取的商店信息通过 ShopAdd.jsp 页面显示，如图 11-33 所示。

④ 单击"确定"按钮，调用数据层 ShopDAO 类的 ShopUpdate()方法，实现商店信息的

更新,代码如下:

```
/**商店更新*/
public void ShopUpdate() throws SQLException{
    String sql = "update Shop set ShopName='" +
                Shop.getShopName() +
                "',ShopAddress=" +
                Shop.getShopAddress() +
                ",ShopImage='" +
                Shop.getShopImage() +
                "' where ShopNo='" +
                Shop.getShopNo() + "'";
    DBOper db=new DBOper();
    db.exeUpdate(sql);
}
```

图 11-33　商店修改

(6) 商店删除。

① 在商店信息维护页面中选择某个商店,单击"删除"按钮,调用控制层 ShopAction 类的 ShopDel()方法,该方法调用数据层 ShopDAO 类的 ShopDel()方法,代码如下:

```
/**删除商店*/
public String ShopDel() throws SQLException{
    ShopDAO ShopDAO=new ShopDAO();
    ShopDAO.ShopDel(shopno);
    return SUCCESS;
}
```

② 数据层 ShopDAO 类的 ShopDel()方法,根据选择的商店编码,从数据库中删除该商店,代码如下:

```
/**商店删除*/
public void ShopDel(String ShopNo) throws SQLException{
    String sql = "delete from  Shop where ShopNo='"+ShopNo+"'";
    DBOper db=new DBOper();
    db.exeUpdate(sql);
}
```

③ 商店信息成功删除后会出现如图 11-34 所示的对话框。

图 11-34　商店删除

4. 商品信息管理模块

该模块主要包括商品信息的浏览、查询、添加、删除、修改等功能。

(1) 商品浏览。

① 单击"商品浏览"选项,进入商品浏览页面 ProductBrowse.jsp,该页面显示所有的商品信息,代码如下:

```
<%@ page contentType="text/html; charset=UTF-8" %>
<%@ taglib uri="/struts-tags" prefix="s" %>
<%@ page import="java.util.*,dao.*,java.sql.*" %>

<jsp:include   page="top.jsp"/>
<div style="width:580px;text-align:right">
 <form action=ProductQuery>
```

```
        <input type=text name="proname"/><input type=submit  value="查询商品" />
    </form>
</div>
<div style="height:20px;"></div>
<table width="580px" >
 <s:iterator value="products" id="product">
     <tr>
         <td rowspan=1 align="center">
            <img src="pic/<s:property value="#product.ProImage"/>" />
         </td>
         <td align="left">
            商品名:<s:property value="#product.ProName"/><br><br>
            商品价格：¥<s:property value="#product.ProPrice"/>
         </td>
     </tr>
     <tr></tr>
 </s:iterator>
</table>
```

商品浏览页面 ProductBrowse.jsp 运行效果如图 11-35 所示。

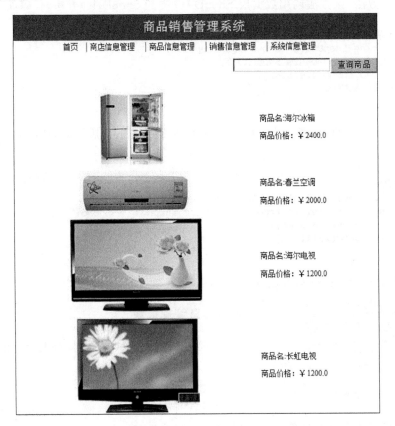

图 11-35　商品浏览

② 该页面首先调用控制层 ProductAction 类的 ProductList()方法，该方法调用数据层
ProductDAO 类的 ProductList()方法，代码如下：

```
/**商品列表*/
public String ProductList() throws SQLException{
```

```
ProductDAO productDAO=new ProductDAO();
products=productDAO.ProductList();
return SUCCESS;
}
```

③ 数据层 ProductDAO 类的 GetProduct()方法用于从数据库中获取所有商品的信息，代码如下：

```
/**商品列表*/
public ArrayList ProductList() throws SQLException{
    String sql="select * from product";
    DBOper db=new DBOper();
    ResultSet rs=db.exeQuery(sql);
    ArrayList<Product>  products=new ArrayList<Product>();
    while(rs.next()){
        Product product=new Product();
        product.setProNo(rs.getString("ProNo"));
        product.setProName(rs.getString("ProName"));
        product.setProPrice(rs.getDouble("ProPrice"));
        product.setProImage(rs.getString("ProImage"));
        products.add(product);
    }
    return products;
}
```

（2）商品查询。

① 在商品浏览页面的文本框中输入查询的商品名称，单击"查询商品"按钮，可实现商品信息的模糊查询，如图 11-36 所示。

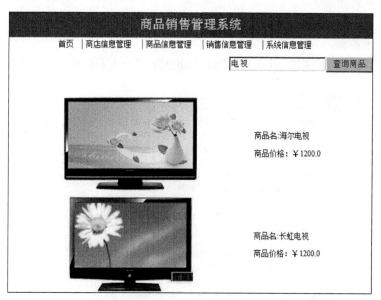

图 11-36　商品查询

② 单击"确定"按钮，调用控制层 ProductAction 类的 ProductQuery()方法，该方法调用数据层 ProductDAO 类的 ProductQuery()方法，代码如下：

```
/**按商品名称查询商品*/
public String ProductQuery() throws SQLException, UnsupportedEncodingException{
    HttpServletRequest request = ServletActionContext.getRequest();
    request.setCharacterEncoding("utf-8");
    String name=request.getParameter("proname");
    System.out.println(name);
    ProductDAO productDAO=new ProductDAO();
    products=productDAO.ProductQuery(name);
    return SUCCESS;
}
```

③ 数据层 ProductDAO 类的 ProductQuery()方法根据输入的商品名称关键字,从数据库中获取相关的商品信息,代码如下:

```
/**按商品名称查询*/
public ArrayList ProductQuery(String proname) throws SQLException{
    String sql="select * from product where ProName  like '%"+proname+"%'";
    DBOper db=new DBOper();
    ResultSet rs=db.exeQuery(sql);
    ArrayList<Product>  products=new ArrayList<Product>();
    while(rs.next()){
        Product product=new Product();
        product.setProNo(rs.getString("ProNo"));
        product.setProName(rs.getString("ProName"));
        product.setProPrice(rs.getDouble("ProPrice"));
        product.setProImage(rs.getString("ProImage"));
        products.add(product);
    }
    return products;
}
```

(3) 商品维护。

① 单击"商品维护"选项,进入商品信息维护页面 ProductList.jsp,代码如下:

```
<jsp:include  page="top.jsp"/>
<div style="width:580px;text-align:right">
  <input type="button"  onclick="location='ProductAdd.jsp'"  value="添加新商品"/></div>
<div style="height:10px;"></div>
<table class="gridtable" width="580px">
    <tr>
        <th align="center" width="10%">
            <s:text name="商品编号"/>
        </th>
        <th align="center" width="20%">
            <s:text name="商品名称"/>
        </th>
        <th align="center" width="20%">
            <s:text name="商品价格"/>
        </th>
        <th align="center" width="30%">
            <s:text name="商品照片"/>
        </th>
        <th align="center" width="20%">
            <s:text name="操作"/>
        </th>
    </tr>
    <s:iterator value="products" id="product">
```

```
    <tr>
        <td align="left">
            <s:property value="#product.ProNo"/>
        </td>
        <td align="left">
            <s:property value="#product.ProName"/>
        </td>
        <td align="center">
            ￥<s:property value="#product.ProPrice"/>
        </td>
        <td align="center">
            <img src="pic/<s:property value="#product.ProImage"/>"/>
        </td>
        <td align="center">
            <s:a href="ProductEdit.action?prono=%{#product.ProNo}">编辑</s:a>
             
            <s:a href="ProductDel.action?prono=%{#product.ProNo}">删除</s:a>
        </td>
    </tr>
</s:iterator>
</table>
```

商品维护页面 ProductList.jsp 运行效果如图 11-37 所示。

图 11-37 商品维护

② 该页面首先调用控制层 ProductAction 类的 ProductList()方法,该方法调用数据层 ProductDAO 类的 ProductList()方法,代码如下:

```
/**商品列表*/
public String ProductList() throws SQLException{
    ProductDAO productDAO=new ProductDAO();
    products=productDAO.ProductList();
    return SUCCESS;
}
```

③ 数据层 ProductDAO 类的 ProductList()方法,从数据库中获取所有的商品信息,代码如下:

```
/**商品列表*/
public ArrayList ProductList() throws SQLException{
    String sql="select * from product";
    DBOper db=new DBOper();
    ResultSet rs=db.exeQuery(sql);
    ArrayList<Product>  products=new ArrayList<Product>();
    while(rs.next()){
        Product product=new Product();
        product.setProNo(rs.getString("ProNo"));
        product.setProName(rs.getString("ProName"));
        product.setProPrice(rs.getDouble("ProPrice"));
        product.setProImage(rs.getString("ProImage"));
        products.add(product);
    }
    return products;
}
```

(4) 商品添加。

① 单击商品信息维护页面中的"添加新商品"选项,进入商品添加页面 ProductAdd.jsp,如图 11-38 所示。

② 单击"确定"按钮,调用控制层 ProductAction 类的 ProductAdd()方法,该方法调用数据层 ProductDAO 类的 ProductAdd()方法,代码如下:

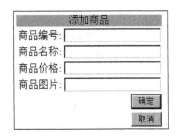

图 11-38　商品添加

```
/**添加商品*/
public String ProductAdd() throws SQLException{
    ProductDAO productDAO=new ProductDAO();
    productDAO.setProduct(product);
    if(task.equals("edit"))
        productDAO.ProductUpdate();
    else
        productDAO.ProductAdd();
    return SUCCESS;
}
```

③ 数据层 ProductDAO 类的 ProductAdd()方法,向数据库中插入新的商品信息,代码如下:

```
/**商品添加*/
public void ProductAdd() throws SQLException{
    String sql = "insert into product values('"+product.getProNo()+
```

```
                   "','"+product.getProName()+"','"+product.getProPrice()+",'"
                   +product.getProPrice()+"')";
        DBOper db=new DBOper();
        db.exeUpdate(sql);
}
```

（5）商品修改。

① 单击商品信息维护页面中的"编辑"，首先调用控制层 ProductAction 类的 ProductEdit()方法，该方法调用数据层 ProductDAO 类的 GetProduct()方法，代码如下：

```
/**编辑商品*/
public String ProductEdit() throws SQLException{
        ProductDAO productDAO=new ProductDAO();
        product=productDAO.GetProduct(prono);
        setTask("edit");
        return INPUT;
}
```

② 数据层 ProductDAO 类的 GetProduct()方法，根据选择的商品编码，从数据库中获取该商品的详细信息，代码如下：

```
/**商品信息*/
public Product GetProduct(String prono) throws SQLException{
    String sql = "select * from  product where prono='"+prono+"'";
    DBOper db=new DBOper();
    ResultSet rs=db.exeQuery(sql);
    Product product=new Product();
    if (rs.next()){
        product.setProNo(rs.getString("ProNo"));
        product.setProName(rs.getString("ProName"));
        product.setProPrice(rs.getDouble("ProPrice"));
        product.setProImage(rs.getString("ProImage"));
    }
    return product;
}
```

③ 获取的商品信息通过 ProductAdd. jsp 页面显示，如图 11-39 所示。

④ 单击"确定"按钮，调用数据层 ProductDAO 类的 ProductUpdate()方法，实现商品信息的更新，代码如下：

```
/**商品更新*/
public void ProductUpdate() throws SQLException{
    String sql = "update product set ProName='" +
        product.getProName() + "',ProPrice=" +
        product.getProPrice() + ",ProImage='" +
        product.getProImage() + "' where ProNo='" +
        product.getProNo() + "'";
    DBOper db=new DBOper();
    db.exeUpdate(sql);
}
```

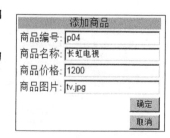

图 11-39　商品修改

（6）商品删除。

① 在商品信息维护页面中选择某个商品，单击"删除"按钮，调用控制层 ProductAction

类的 ProductDel()方法,该方法调用数据层 ProductDAO 类的 ProductDel()方法,代码
如下:

```
/**删除商品*/
public String ProductDel() throws SQLException{
    ProductDAO productDAO=new ProductDAO();
    productDAO.ProductDel(prono);
    return SUCCESS;
}
```

② 数据层 ProductDAO 类的 ProductDel()方法根据选择的商品编码,从数据库中删除
该商品,代码如下:

```
/**商品删除*/
public void ProductDel(String prono) throws SQLException{
    String sql = "delete from  product where prono='"+prono+"'";
    DBOper db=new DBOper();
    db.exeUpdate(sql);
}
```

5. 销售信息管理模块

该模块主要包括销售信息的浏览、查询、添加、删除、修改等功能。

(1) 销售信息浏览。

① 单击"销售信息管理"选项,进入销售浏览页面 SaleBrowse.jsp,该页面显示所有的
销售信息,代码如下:

```
<jsp:include  page="top.jsp"/>
<div style="width:580px;text-align:right">
 <form action=SaleQuery>
  商店: <input type=text name="shopno"/>
  商品: <input type=text name="prono"/>
   <input type=submit  value="查询销售" />
  </form>
</div>
<div style="height:10px;"></div>
<table class="gridtable" width="580px">
    <tr>
        <th align="center" width="10%">
            <s:text name="商店编号"/>
        </th>
        <th align="center" width="20%">
            <s:text name="商品编号"/>
        </th>
        <th align="center" width="20%">
            <s:text name="销售数量"/>
        </th>
    </tr>
    <s:iterator value="sales" id="sale">
        <tr>
            <td align="center">
                <s:property value="#sale.ShopNo"/>
            </td>
            <td align="center">
                <s:property value="#sale.ProNo"/>
```

```
                </td>
                <td align="center">
                    <s:property value="#sale.Amount"/>
                </td>
            </tr>
        </s:iterator>
    </table>
```

销售浏览页面 SaleBrowse.jsp 运行效果如图 11-40 所示。

商店编号	商品编号	销售数量
S01	P01	100
S01	P02	200
S01	P03	150
S02	P01	120
S02	P02	80
S03	P01	100
S02	P03	200
S03	P04	0

图 11-40　商品浏览

② 该页面运行时首先调用控制层 SaleAction 类的 SaleList()方法,该方法调用数据层 SaleDAO 类的 SaleList()方法,代码如下:

```
/**销售列表*/
public String SaleList() throws SQLException{
    SaleDAO saleDAO=new SaleDAO();
    sales=saleDAO.SaleList();
    return SUCCESS;
}
```

③ 数据层 SaleDAO 类的 SaleList()方法用于从数据库中获取所有销售信息,代码如下:

```
/**销售列表*/
public ArrayList SaleList() throws SQLException{
    String sql="select * from Sale";
    DBOper db=new DBOper();
    ResultSet rs=db.exeQuery(sql);
    ArrayList<Sale>  sales=new ArrayList<Sale>();
    while(rs.next()){
        Sale sale=new Sale();
        sale.setShopNo(rs.getString("ShopNo"));
        sale.setProNo(rs.getString("ProNo"));
        sale.setAmount(rs.getInt("Amount"));
        sales.add(sale);
    }
    return sales;
}
```

(2) 销售信息查询。

① 在销售浏览页面的文本框中输入商店或商品信息,单击"查询销售"按钮,可实现销售信息的查询,如图 11-41 所示。

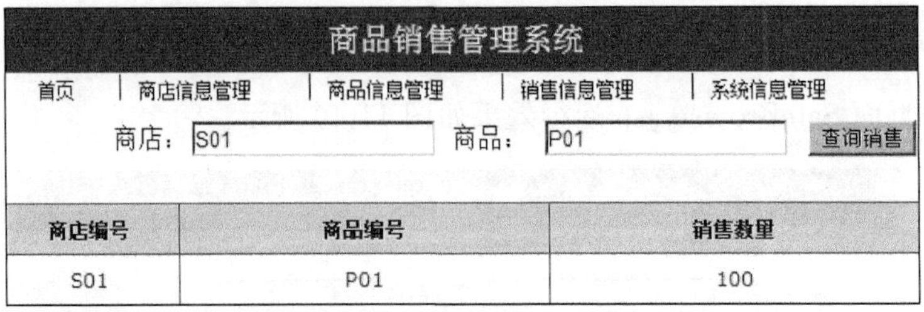

商品销售管理系统		

首页	商店信息管理	商品信息管理	销售信息管理	系统信息管理

商店: S01　　　　商品: P01　　　　查询销售

商店编号	商品编号	销售数量
S01	P01	100

图 11-41　销售查询

② 单击"查询销售"按钮,调用控制层 SaleAction 类的 SaleQuery()方法,该方法调用数据层 SaleDAO 类的 SaleQuery()方法,代码如下:

```
/**销售查询*/
public String SaleQuery() throws SQLException, UnsupportedEncodingException{
    HttpServletRequest request = ServletActionContext.getRequest();
    request.setCharacterEncoding("utf-8");
    String shopno=request.getParameter("shopno");
    String prono=request.getParameter("prono");
    SaleDAO SaleDAO=new SaleDAO();
    sales=SaleDAO.SaleQuery(shopno,prono);
    return SUCCESS;
}
```

③ 数据层 SaleDAO 类的 SaleQuery()方法根据输入的查询关键字,从数据库中获取相关的销售信息,代码如下:

```
/**销售查询*/
public ArrayList SaleQuery(String shopno,String prono) throws SQLException{
    String sql="select * from sale where shopno='"+shopno+"' and prono='"+prono+"'";
    DBOper db=new DBOper();
    ResultSet rs=db.exeQuery(sql);
    ArrayList<Sale>  sales=new ArrayList<Sale>();
    while(rs.next()){
        Sale sale=new Sale();
        sale.setShopNo(rs.getString("ShopNo"));
        sale.setProNo(rs.getString("ProNo"));
        sale.setAmount(rs.getInt("Amount"));
        sales.add(sale);
    }
    return sales;
}
```

(3) 销售信息维护。

① 输入 SaleList. action,进入销售信息维护页面 SaleList. jsp 代码如下:

```
<jsp:include  page="top.jsp"/>
<div style="width:580px;text-align:right">
<input type="button"  onclick="location='SaleAdd.jsp'"  value="添加销售信息"/>
</div>
```

```
<div style="height:10px;"></div>
<table class="gridtable" width="580px">
    <tr>
        <th align="center" width="10%">
            <s:text name="商店编号"/>
        </th>
        <th align="center" width="20%">
            <s:text name="商品编号"/>
        </th>
        <th align="center" width="20%">
            <s:text name="销售数量"/>
        </th>
        <th align="center" width="20%">
            <s:text name="操作"/>
        </th>
    </tr>
    <s:iterator value="sales" id="sale">
        <tr>
            <td align="center">
                <s:property value="#sale.ShopNo"/>
            </td>
            <td align="center">
                <s:property value="#sale.ProNo"/>
            </td>
            <td align="center">
                <s:property value="#sale.Amount"/>
            </td>
            <td align="center">
                <s:a href="SaleEdit.action?shopno=%{#sale.ShopNo}&prono=%{#sale.ProNo}">
                编辑</s:a> 
                <s:a href="SaleDel.action?shopno=%{#sale.ShopNo}&prono=%{#sale.ProNo}">
                删除</s:a>
            </td>
        </tr>
    </s:iterator>
</table>
```

销售信息维护页面 SaleList.jsp 运行效果如图 11-42 所示。

商品销售管理系统

| 首页 | 商店信息管理 | 商品信息管理 | 销售信息管理 | 系统信息管理 |

添加销售信息

商店编号	商品编号	销售数量	操作
S01	P01	100	编辑　删除
S01	P02	200	编辑　删除
S01	P03	150	编辑　删除
S02	P01	120	编辑　删除
S02	P02	80	编辑　删除
S03	P01	100	编辑　删除
S02	P03	200	编辑　删除
S03	P04	0	编辑　删除
11	11	11	编辑　删除
22	22	22	编辑　删除

图 11-42　销售维护

② 该页面加载时首先调用控制层 SaleAction 类的 SaleList()方法,该方法调用数据层 SaleDAO 类的 SaleList()方法,代码如下:

```java
/**销售列表*/
public String SaleList() throws SQLException{
    SaleDAO saleDAO=new SaleDAO();
    sales=saleDAO.SaleList();
    return SUCCESS;
}
```

③ 数据层 SaleDAO 类的 SaleList()方法从数据库中获取所有的销售信息,代码如下:

```java
/**销售列表*/
public ArrayList SaleList() throws SQLException{
    String sql="select * from Sale";
    DBOper db=new DBOper();
    ResultSet rs=db.exeQuery(sql);
    ArrayList<Sale>  sales=new ArrayList<Sale>();
    while(rs.next()){
        Sale sale=new Sale();
        sale.setShopNo(rs.getString("ShopNo"));
        sale.setProNo(rs.getString("ProNo"));
        sale.setAmount(rs.getInt("Amount"));
        sales.add(sale);
    }
    return sales;
}
```

(4) 销售信息添加。

① 单击销售信息维护页面中的"添加销售信息"选项,进入销售信息添加页面 SaleAdd.jsp,如图 11-43 所示。

② 单击"确定"按钮,调用控制层 SaleAction 类的 SaletAdd()方法,该方法调用数据层 SaleDAO 类的 SaleAdd()方法,代码如下:

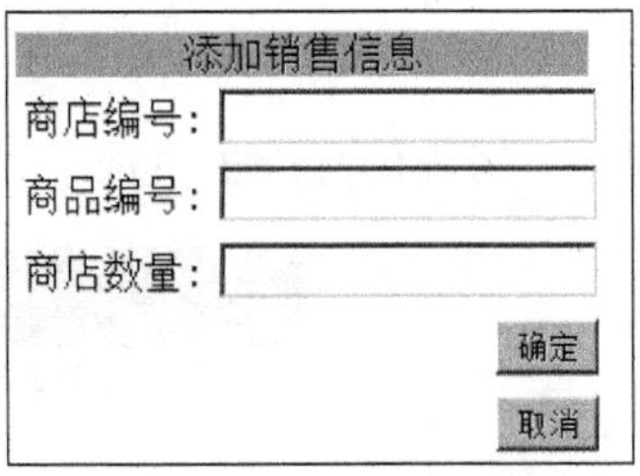

```java
/**添加销售信息*/
public String SaleAdd() throws SQLException{
    SaleDAO saleDAO=new SaleDAO();
    saleDAO.setSale(sale);
    if(task.equals("edit"))
        saleDAO.SaleUpdate();
    else
        saleDAO.SaleAdd();
    return SUCCESS;
}
```

图 11-43　销售信息添加

③ 数据层 SaleDAO 类的 SaleAdd()方法向数据库中插入新的销售信息,代码如下:

```java
/**销售信息添加*/
public void SaleAdd() throws SQLException{
    String sql = "insert into Sale values('"+
                sale.getShopNo()+"','"+
                sale.getProNo()+"',"+
                sale.getAmount()+")";
```

```
        DBOper db=new DBOper();
        db.exeUpdate(sql);
}
```

（5）销售修改。

① 单击销售信息维护页面中的"编辑"选项，首先调用控制层 SaleAction 类的 SaleEdit() 方法，该方法调用数据层 SaleDAO 类的 GetSale()方法，代码如下：

```
/**编辑销售信息*/
public String SaleEdit() throws SQLException{
        SaleDAO saleDAO=new SaleDAO();
        sale=saleDAO.GetSale(shopno,prono);
        setTask("edit");
        return INPUT;
}
```

② 数据层 SaleDAO 类的 GetSale()方法根据选择的记录，从数据库中获取详细的销售信息，代码如下：

```
/**销售信息信息*/
public Sale GetSale(String ShopNo,String ProNo) throws SQLException{
    String sql = "select * from  Sale where ShopNo='"+ShopNo+"' and
                    ProNo='"+ProNo+"'";
    DBOper db=new DBOper();
    ResultSet rs=db.exeQuery(sql);
    Sale sale=new Sale();
    if (rs.next()){
        sale.setShopNo(rs.getString("ShopNo"));
        sale.setProNo(rs.getString("ProNo"));
        sale.setAmount(rs.getInt("Amount"));
    }
    return sale;
}
```

③ 获取的销售信息通过 SaleAdd.jsp 页面显示，如图 11-44 所示。

④ 单击"确定"按钮，调用数据层 SaleDAO 类的 SaleUpdate()方法，实现销售信息的更新。代码如下：

```
/**销售信息更新*/
public void SaleUpdate() throws SQLException{
    String sql = "update Sale set Amount=" +
            sale.getAmount() +" where ShopNo='" +
            sale.getShopNo()+"' and ProNo='"+
            sale.getProNo()+"'";
    DBOper db=new DBOper();
    db.exeUpdate(sql);
}
```

图 11-44　销售信息修改

（6）销售信息删除。

① 在销售信息维护页面中选择某条记录，单击"删除"按钮，调用控制层 SaleAction 类的 SaleDel()方法，该方法调用数据层 SaleDAO 类的 SaleDel()方法，代码如下：

```
/**删除销售信息*/
public String SaleDel() throws SQLException{
```

```
        SaleDAO saleDAO=new SaleDAO();
        saleDAO.SaleDel(shopno,prono);
        return SUCCESS;
    }
```

② 数据层 SaleDAO 类的 SaleDel( )方法根据选择的记录,从数据库中删除该销售信息,代码如下:

```
/**销售信息删除*/
public void SaleDel(String ShopNo,String ProNo) throws SQLException{
    String sql = "delete from  Sale where ShopNo='"+ShopNo+
                "' and ProNo='"+ProNo+"'";
    DBOper db=new DBOper();
    db.exeUpdate(sql);
}
```

③ 销售信息成功删除后会出现如图 11-45 所示的对话框。

图 11-45   销售信息删除